苜蓿浅埋式滴灌技术研究与应用

白云岗 曹彪 卢震林 著

中国水利水电出版社

www.waterpub.com.cn

·北京·

内 容 提 要

浅埋式滴灌技术采用全管道输水和局部微量灌溉，因其直接向根系供水，可以使水分的渗漏和损失降到最低限度，提高水资源的利用效率；将干、支、毛管置于地面以下，有效地减少田间障碍物，不影响田间耕作，可以通过配套机械化、自动化农艺措施，提高劳动生产率和降低劳动强度，因此浅埋式滴灌技术是苜蓿种植适宜的高效节水灌溉方式。本书较为系统地介绍了苜蓿浅埋式滴灌田间毛管布设对土壤水分和苜蓿生长影响、耗水规律、灌溉制度和牧区小型应急抗旱灌溉设备研发与应用、牧区饲草自压滴灌技术集成与示范等方面的内容。全书共分 8 章，包括绪论、试验示范区自然与社会经济概况、浅埋式滴灌毛管布设对土壤水分与苜蓿生长的影响、苜蓿浅埋式滴灌田间毛管布设参数优化、苜蓿浅埋式滴灌灌溉制度研究、牧区小型应急抗旱灌溉设备研发与应用、新疆牧区饲草自压滴灌技术集成与示范、苜蓿浅埋式滴灌技术应用前景分析等内容。

本书可供水利、农业、生态等专业从事苜蓿生产、教学、科研、管理及决策者使用和参考。

图书在版编目（CIP）数据

苜蓿浅埋式滴灌技术研究与应用 / 白云岗，曹彪，卢震林著． -- 北京：中国水利水电出版社，2024．7．
ISBN 978-7-5226-2566-9

Ⅰ．S551.071

中国国家版本馆CIP数据核字第2024YH7667号

书　　名	苜蓿浅埋式滴灌技术研究与应用 MUXU QIANMAISHI DIGUAN JISHU YANJIU YU YINGYONG
作　　者	白云岗　曹彪　卢震林　著
出版发行	中国水利水电出版社 （北京市海淀区玉渊潭南路 1 号 D 座　100038） 网址：www.waterpub.com.cn E-mail：sales@mwr.gov.cn 电话：（010）68545888（营销中心）
经　　售	北京科水图书销售有限公司 电话：（010）68545874、63202643 全国各地新华书店和相关出版物销售网点
排　　版	中国水利水电出版社微机排版中心
印　　刷	北京印匠彩色印刷有限公司
规　　格	184mm×260mm　16 开本　11 印张　247 千字
版　　次	2024 年 7 月第 1 版　2024 年 7 月第 1 次印刷
定　　价	**68.00 元**

前　言

新疆地处干旱与半干旱地区，是我国主要牧业省份之一，在全国草原畜牧业中占有极其重要的位置。然而，新疆牧区环境条件恶劣，冬季严寒漫长，冬春草料缺乏，干旱灾害频繁，水资源短缺与利用效率低矛盾并存，节水潜力巨大，对适宜的节水技术需求迫切。苜蓿浅埋式滴灌技术适合苜蓿等多年生作物种植方式，可以有效节约水资源，提高牧草产量，增加牧民收入。牧区常年风力较大，将滴灌带浅埋，可以避免滴灌带被吹乱，提高灌水均匀度；与滴灌带深埋相比，滴灌带浅埋能够回收再利用，降低土壤污染。苜蓿浅埋式滴灌技术特别适用于新疆牧区牧民定居点的人工饲草地建设，可以作为新疆牧区巩固脱贫成果，全面推进乡村振兴的有效技术手段。

本项目在充分调查、总结新疆牧区饲草抗旱节水技术发展中存在的问题和经验基础上，通过现场试验研究，探明了紫花苜蓿生育期内耗水特征、需水强度及其变化规律；通过研究灌溉对苜蓿生育指标的影响，确定了寒旱区紫花苜蓿地下滴灌灌溉制度；通过分析室内和田间试验数据，确定了紫花苜蓿最佳地下滴灌田间布置方式；通过技术集成，创建了紫花苜蓿浅埋式滴灌综合管理技术模式；针对牧区实际需求，提出三种光伏提水应急抗旱技术模式；针对农牧区地形条件，提出农牧区饲草自压滴灌技术模式。

基于以上技术成果，项目组在新疆典型牧区阿勒泰地区青河县和哈密市巴里坤县开展了新疆牧区饲草高效节水技术集成与示范工作，累计建设饲草节水抗旱技术示范区 7000 亩，年平均亩增产 166kg，亩均节水 26.2%，用水效率提高 35.5%，节劳 29.3%。通过技术成果的推广应用和示范，多年不断试验、示范和推广，技术辐射已达 10 万余亩，均取得较好的效益。

本书得到了新疆维吾尔自治区"天山英才"科技创新领军人才项目（2022TSYCLJ0069）、新疆维吾尔自治区科技支撑项目"新疆牧草微灌节水增效灌溉研究与示范"和水利部技术示范项目"新疆牧区饲草高效节水技术集成与示范"资助。项目研究过程中，新疆水利水电科学研究院张江辉研究员、河海大学缴溪云教授给予了技术指导，新疆水利水电科学研究院肖军、丁平，在阿勒泰地区青河县、哈密市巴里坤西黑沟灌区参与了苜蓿浅埋式滴灌试验布置和数据取样工作；河海大学汝博文、陈俊克、张营等承担了项目的研究工作，刘凯华参与了项目执行，此外河海大学的刘子尚、卢佳、王颖聪等参与了项目的数据分析工作，新疆农牧区水利规划总站［现新疆维吾尔自治区灌溉排水发展中心（新疆维吾尔自治区灌溉中心试验站）］马铁成完成了青河县阿苇灌区土样的采集和分析工作，在此表示感谢。

由于作者学术积累及个人能力有限，本书仍然存在着很多不足及疏漏，所提出的毛管布设优化方案也有待进一步验证。对于本书存在的问题及不足之处，欢迎批评指正。

作者

2024 年 4 月

目　录

MULU

第1章 绪 论

1.1 研究背景

新疆地域辽阔，物种丰富，草地类型多样，为新疆草原畜牧业发展提供了优越的资源条件和物质基础。新疆也是我国五大牧区之一，草地面积居全国第三位，牲畜头数仅次于内蒙古。畜牧业是新疆的支柱产业之一，草原畜牧业占有重要地位。但新疆牧区环境条件恶劣，冷季严寒漫长，冬春草料缺乏，干旱灾害频繁，畜牧业生产长期处在"夏壮、秋肥、冬瘦、春乏"的恶性循环中，牧民生活艰苦，生产方式落后，经营水平低。这成为草原牧区牧民增收致富的主要障碍。同时长期以来，由于干旱影响加之超载过牧，草原植被破坏的现象十分严重，草原不断退化，生态持续恶化。

由于独特的地理环境以及气候因素，新疆农牧业生产对水的依赖性极强，回顾新疆的灌溉历史可以看出，农牧业的发展在很大程度上依赖于灌溉的发展，有水才能保证牧草产量。但是，水资源总量是有限的，水资源的开发利用不可能无限量增长。人口的增长、水资源的紧缺等因素对新疆未来的农牧业安全产生直接影响。新疆产水量仅 5.1 万 m^3/km^2，是全国平均值的 1/6，居全国倒数第三位。新疆水资源总量 834.26 亿 m^3，年均引地表水量 443 亿 m^3，灌溉面积过大、用水方式较为粗放，农业用水占比高达 90.93%，亩均综合毛灌溉定额 550m^3/亩，灌溉水利用系数 0.573（2020 年），水资源短缺与利用效率低矛盾并存，节水潜力巨大，对适宜的节水技术需求迫切。

2010 年，新疆维吾尔自治区启动实施了"定居兴牧"水利工程，开工建设 27 项骨干水源工程，以"小水库"惠"大民生"，解决新疆 259.7 万亩饲草料地的水源问题，实施牧民搬迁定居、安居，推行饲草料基地建设。但新疆在饲草料基地灌溉试验研究方面仍处于初期研究阶段，致使牧草地灌溉科技严重落后于生产需要，亟待开展这一方面的深入研究工作，以正确指导牧区饲草料生产和草原生态环境保护。

浅埋式滴灌技术比较适合苜蓿等多年生牧草作物的生产方式，牧区常年风力较大，将毛管浅埋，可以避免滴灌带被吹乱，提高灌水均匀度。浅埋滴灌带不但不影响机耕收割，而且一次铺设后使用寿命可达 3～5 年，与多年生牧草生长年限基本吻合，可有效节约亩投资和劳动强度，实现有效节约水资源，同时提高牧草产量，增加牧民收入，促进苜蓿种植技术和管理水平的提高。该技术比较符合干旱半干旱地区牧草生产条件，且机械铺设滴灌带，一年铺设，多年应用，具有省事、省工等特点，适用于包括新疆在内的西北地区以及中亚等干旱灌溉农牧区大田滴灌应用。

1.2 研究意义

新疆地域辽阔，独特的光热资源优势，为草原畜牧业发展提供了优越的资源条件和物质基础。通过本项目可研制出适合当地自然条件和社会经济条件，且简便实用、易于操作的节水模式和设备。通过建立节水灌溉饲草料基地示范区，不仅可恢复大面积天然草场，使天然草地生态逐步走向良性循环轨道，为草原生态保护提供基础保障，同时将大大缓解新疆地区水资源供需矛盾日趋加重的局面。

草原牧区往往处于边远地区，是少数民族的集中聚居地，贫困人口集中，经济社会发展落后，牧民收入低，与农民收入相比有较大差距。解决这一问题是巩固脱贫攻坚成果与民族地区民生高质量发展的重点和难点。因此，对浅埋式滴灌技术进行深入研究并在全疆范围内开展示范与推广，对于发展现代牧草种植，有效促进现代草业的发展，给牧民生活以保障、给牧业发展以新思路有很大帮助。通过项目的实施，提高草地的单位产出，实现增产增效，提高牧民收入，改善牧民生产生活水平，并有益于推广农牧业先进技术并加快牧区经济发展；对于促进社会进步，提高牧民素质，加强民族团结，维护边疆稳定，建设和谐社会具有特殊意义。同时高效节水灌溉饲草料基地建设可有效提高牧业的抗灾能力，促进传统畜牧业向现代畜牧业方向转变。

1.3 研究进展

1.3.1 国内外饲草灌溉技术

随着全球性水资源供需矛盾的日益加剧，世界各国，特别是发达国家都把发展节水高效农业作为农业可持续发展的重要措施，发达国家在生产实践中，始终把提高灌溉（降）水的利用率、作物水分生产效率、水资源的再生利用率和单方水的农业生产效益作为研究重点和主要目标，Flechinger 等在美国爱达荷州利用大型称重式蒸渗仪进行的研究，表明不同年份紫花苜蓿需水量不同，变动范围为 $990 \sim 1100mm$。Mc Eliunn 等在人工气候室采用盆栽称重法研究苜蓿需水量。Raun 和 John son 的研究表明，与施氮 $11kg/hm^2$ 和 $22kg/hm^2$ 相比，施氮 $44kg/hm^2$，将导致紫花苜蓿的产量降低，氮肥利用率也降低，Guitjens 等认为紫花苜蓿 WUE 与灌溉量呈线性负相关，而 Carter 等的研究结果表明紫花苜蓿 WUE 与灌溉量呈抛物线关系。Wood 等实验发现，地下滴灌的水分利用效率显著高于漫灌。

在水肥耦合方面，Askarian（1995）报道多效唑可提高紫花苜蓿种子产量 $36\% \sim 150\%$。Jenkins 研究也发现在 $0 \sim 60cm$ 土层中，土壤中的矿质氮随苜蓿的生长发育逐渐下降，每年 NH～NO 的减少量达到 $35 \sim 40kg/hm^2$。因此，许多学者建议，在苜蓿苗期应施入少量氮肥，播种时施磷酸二铵作种肥，以促进幼苗生长。Hojjatit 通过在温室的研究证实了施氮肥对根上部、根及整株产量有明显的增产效果，施氮肥 $30kg/hm^2$

与 $60kg/hm^2$ 效果相当。Chefney 与 Duxbury 指出，苜蓿枝条的高度、单株重量和枝条数均随施用量的增加而增加。可见，适时适量地施用氮肥可提高苜蓿的干物质产量。而 Feigenbaum 和 Mengeltm 指出蛋白质合成受钾亏缺的影响比氮固定更加严重。

在作物高效用水调控技术方面，已逐渐从传统的"丰水高产型"灌溉转向"节水优产型"的非充分灌溉。对作物需水量的估算也由以往充分供水下的最大作物需水量估算转向基于水分胁迫条件下的最佳耗水量估算。相应的灌溉基本理论研究正呼唤着以非充分灌溉理论为基础的节水灌溉新理论的创新。作物高效用水研究已由单纯的水量时间分配转向根区空间调节的研究，通过建立适当的"湿润边界""控制边界"与"湿润方式"，达到节水增产的目的。如 Hannaway 运用 ALFAMOD 模式，对美国俄勒冈州不同地区苜蓿的潜在产量和苜蓿生产的需水量进行了估价，并取得满意的结果。后来红外线技术的引入，Nieuwenhuis 等利用热红外线图像对区域性作物的蒸发量进行了大量研究。Moran 等在苜蓿生长季节中，在 Zom 与 NDVI 之间建立了适用于均匀作物区的指数函数关系。此外，在作物高效用水方面，正在研究和利用信息技术、红外技术、电测技术来监测土壤墒情、作物旱情、农田气象资料，据此开展作物需水预报的研究，根据优化原理确定最佳水量分配是作物高效用水的发展趋势。

1.3.2 新疆饲草滴灌技术

关于地下滴灌紫花苜蓿灌溉制度方面的研究较多。李守明等在新疆生产建设兵团第八师 121 团的试验站内进行苜蓿的地下滴灌试验，试验结果表明地下滴灌苜蓿在新疆地区是可行的，全生育期内应控制灌溉定额在 $3000\sim3750m^3/hm^2$，滴灌次数在 $10\sim12$ 次。阿依江·哈比等在新疆农业大学通过不同水分处理相同地下滴灌布置情况的对比试验分析表明，苜蓿的干物质产量和灌溉定额存在二次抛物线关系。王宏洋等在新疆农业大学呼图壁草地生态试验站研究了不同灌水量对苜蓿花部性状、结荚率和种子产量的影响，结果表明灌水量为 375mm 处理现蕾期、盛花期、结荚期和成熟期较其他处理提前，单株分枝数、单枝花序数、单株荚果数、单荚种子数均高于其他处理。陈金炜等研究了不同灌水量地下滴灌对苜蓿种子产量构成因子的影响，发现在现蕾期至结荚期增加灌水次数，能提高苜蓿种子产量，中水处理苜蓿的营养生长与生殖生长相对平衡，单株花序数、每花序小花数、每荚果种子数较多，产量较高。孟季蒙等研究了地下滴灌不同水量与播种方式下对苜蓿种子产量及其构成因素的影响，结果表明地下滴灌条件下苜蓿单株种子产量随灌水量的增加而增加，种子构成因素中花序数、枝条、豆荚数、花序、籽粒数、豆荚、与种子、产量呈极显著正相关。和海秀等研究了三种不同灌水模式对紫花苜蓿播种当年株高、茎粗、茎叶比、生长速率和产草量的影响，结果表明，在新疆绿洲区滴灌条件下，第 1 年生紫花苜蓿每茬刈割前灌溉 35% 和刈割后灌溉 65% 有利于提高滴灌苜蓿干草产量。

关于紫花苜蓿滴灌田间布置方式研究也有报道。廉喜旺在新疆福海地区研究了地下滴灌毛管布置方式和灌水定额对苜蓿生长状况的影响，结果发现毛管间距 80cm、埋深 30cm、灌溉定额 375mm 的试验效果最佳。程冬玲等在新疆生产建设兵团第八师 121 团试验站进行了苜蓿田间地下滴灌效应试验研究，结果表明，地下滴灌比常规沟灌的苜蓿，鲜草出草率高；滴灌带埋深 35cm 比埋深 10cm 的苜蓿长势好，鲜草产量高。汝博文在新疆青河县将苜蓿浅埋式滴灌毛管布置方式与苜蓿灌水定额相结合，分别研究了毛管埋深和灌水定额、毛管间距和灌水定额对苜蓿生长指标、产量及耗水规律的影响，结果表明毛管埋深 10cm 的苜蓿长势最好、产量最高，灌水定额对苜蓿生长产生了显著的影响，毛管间距 30cm 的苜蓿长势及产量略高于间距 60cm，但两者之间的差异并不是非常显著。

优质苜蓿的正常生长发育，不仅需要充足的灌溉，还需要氮、磷、钾等肥料，地下滴灌技术具有较好的节水节肥效益，在提高苜蓿产量、改善苜蓿品质的同时，还可以提高水肥的利用率。朱进忠在新疆呼图壁研究了灌溉、施肥对苜蓿生殖生长和种子产量的影响，研究表明，滴灌条件下种子产量与株高、单荚种子数极显著正相关，与分枝数显著正相关；在苜蓿分枝期和现蕾期，追施氮肥能够明显增加种子产量，滴灌优于漫灌和喷灌。常青通过对大田苜蓿根际土壤中土著 AM 真菌进行资源调查、分离、鉴定，和优势菌种接种苜蓿，对磷素利用效率及侵染效果等做了研究。结果表明土壤 pH 值和盐分含量与孢子密度呈显著负相关，碱解氮含量、速效磷、速效钾和有机质与孢子密度存在不同程度的正相关；优势菌种接种苜蓿能显著提高苜蓿生长性能，促进苜蓿对氮肥、磷肥的吸收。张凡凡等对施磷肥对紫花苜蓿生产性能及品质的影响进行了试验研究，结果表明综合生产性能和营养品质的最佳施肥模式按优劣排序为一次性施 360kg/hm² 磷肥＞一次性施 180kg/hm² 磷肥＞分次施 360kg/hm² 磷肥＞分次施 180kg/hm² 磷肥＞不施肥。

1.4　研究目标

本书针对新疆牧草灌溉技术落后、抵御干旱灾害能力弱等问题，基于"兴牧定居"工程建设需求，以高效节水技术在牧草中的应用为突破口，探明主要牧草节水增效机制，筛选适宜牧草生产发展需求的低成本灌溉技术，研发抗旱节水增产的灌溉设备及灌溉技术，提出牧草高效节水条件下的丰产技术应用模式，建设节水技术示范区，通过示范区，以点带面，进行辐射推广，大幅度提高牧草生产水平，为促进新疆农业产业结构调整，保障粮食安全及"定居兴牧"民生工程顺利实施提供技术支撑。

1.5　技术路线

根据课题所涉及的研究内容，在国内外现有研究成果的基础上，由从事土壤物理、农田水利、农学、栽培学、生物学等方面的科技人员组成联合攻关小组，将理论分析与田间试验、宏观与微观、技术（产品）开发与试验示范相结合，建立适合新疆牧草的抗旱节水关键技术体系，并通过示范推广形成节水增效的牧草水分管理模式，为新疆应急抗旱以及高效用水提供技术支撑。

在充分调查、总结新疆牧区抗旱节水技术发展中存在的问题和经验基础上，学习、引进、吸收国内外先进微灌技术成果，采用田间试验、微观分析、宏观模拟、产品研发和集成示范相结合的方法，分析苜蓿生育期耗水特征、土面蒸发特征，生物量与耗水量间的关系，建立苜蓿水分生产函数，探明水分消耗与干物质累计的转化机制。通过设定不同的灌水器及田间管网布置方式，对比分析不同灌水技术模式对苜蓿产量的影响，筛选满足牧草需水要求及低成本的灌溉技术及灌溉技术参数。研究不同生育阶段水肥供给与生殖、营养生长的关系，确定牧草高产的水肥环境阈值，确定优化的调控指标，确定不同供水方式下苜蓿水肥高效利用的联合调控技术；研究不同抗旱保水制剂的蓄水保墒及抗旱减蒸的应用效果，对比筛选确定可操作性强的应用模式。对研究成果进行总结集成，建立干旱内陆牧区的牧草节水增效的综合技术应用模式，并通过建立示范区，推广应用，为新疆牧区抗旱减灾以及高效用水提供技术支撑。技术路线图如图 1-1 所示。

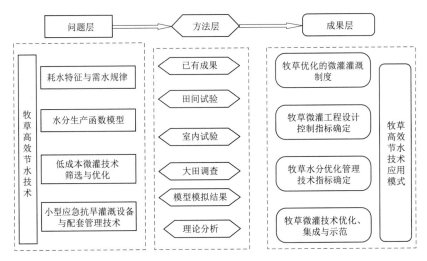

图 1-1 技术路线图

参考文献

［1］ 马英杰，何继武，洪明，等. 新疆膜下滴灌技术发展过程及趋势分析 ［J］. 节水灌溉，2010 （12）：87-89.

［2］ CLAUDIO GODOY - AVILA C，PEREZ - GUTIERREZ A，TORRES C A，et al. Water use, forage production and water relations in alfalfa with subsurface drip irrigation ［J］. Agrociencia, 2003，37 （2）：107-115.

［3］ 张爱宁，王玉祥，隋晓青，等. 不同灌溉方式对苜蓿形态及生理的影响 ［J］. 中国农学通报, 2014，30 （18）：161-165.

［4］ BOSCH D J，POWELL N L，WRIGHT F S. An economic comparison of subsurface microirriga-tion with center pivot sprinkler irrigation ［J］. Journal of production agriculture, 1992，5 （4）：431-437.

［5］ 仇明军，胡雪梅. 不同灌溉方式对苜蓿地下部分生长的影响 ［J］. 新疆畜牧业，2013 （6）：29-31.

［6］ 郭学良，李卫军. 不同灌溉方式对紫花苜蓿产量及灌溉水利用效率的影响 ［J］. 草地学报, 2014，9 （22）：1086-1090.

［7］ 赵金梅，周禾，王秀艳. 水分胁迫下苜蓿品种抗旱生理生化指标变化及其相互关系 ［J］. 草地学报，2005，13 （3）：184 - 189.

［8］ 郭学良，李卫军. 不同灌溉方式对紫花苜蓿产量及田间杂草发生的影响 ［J］. 新疆农业科学，2014，51 （11）：2079 - 2084.

［9］ 李守明，苟陕妮. 地埋滴灌技术在苜蓿栽培试验中的应用明 ［J］. 新疆农机化，2007 （2）：24 - 25.

［10］ 阿依江·哈比，马英杰，洪明，等. 地下滴灌条件下紫花苜蓿耗水规律试验研究 ［J］. 新疆农业科学，2012，49 （7）：1301 - 1306.

［11］ 王宏洋，李陈建，陈述明，等. 不同灌水量对苜蓿花部性状、结荚率和种子产量的影响 ［J］. 中国草地学报，2015，9 （37）：52 - 56.

［12］ 陈金炜，李卫军. 地下滴灌不同灌水量对苜蓿种子产量构成因子的影响 ［J］. 新疆农业科学，2011，48 （1）：177 - 181.

［13］ 孟季蒙，李卫军. 地下滴灌不同水量与播种方式下苜蓿种子产量构成因素的相关性分析 ［J］. 新疆农业科学，2010，47 （6）：1252 - 1256.

［14］ 廉喜旺. 阿勒泰地区地下滴灌条件下苜蓿滴灌带布设方式及高效用水研究 ［D］. 呼和浩特：内蒙古农业大学，2014.

［15］ 程冬玲，李富先. 苜蓿田间地下滴灌效应试验研究 ［J］. 中国农村水利水电，2004 （5）：1 - 3.

［16］ 汝博文. 苜蓿浅埋式滴灌田间毛管布置参数研究 ［D］. 南京：河海大学，2016.

［17］ 朱进忠. 激素与水肥对紫花苜蓿生殖生长及种子产量的影响 ［D］. 乌鲁木齐：新疆农业大学，2015.

［18］ 常青. 石河子绿洲区苜蓿土壤 AM 真菌资源及促苜蓿生长效应的初步研究 ［D］. 石河子：石河子大学，2013.

［19］ 张凡凡，于磊，马春晖，等. 绿洲区滴灌条件下施磷对紫花苜蓿生产性能及品质的影响 ［J］. 草业学报，2015，24 （10）：175 - 182.

［20］ 韩方军. 浅谈牧草浅埋式滴灌技术示范与推广项目的实施 ［J］. 新疆水利，2014 （5）：19 - 21.

［21］ 柴强，杨彩红，陈桂平. 灌溉方式对绿洲灌区小麦间作玉米耗水特性的影响 ［J］. 干旱区研究，2014，31 （1）：105 - 111.

［22］ 张振华，蔡焕杰. 覆膜棉花调亏灌溉效应试验研究 ［J］. 西北农林科技大学学报，2001，29 （6）：9 - 12.

［23］ FLECHINGER G N，HANSON C L，WIGHT J R. Modeling evapotranspiration and surface budgets across awatershed ［J］. Water Resources Research，1996，32 （8）：2539 - 2548.

［24］ MC ELIUNN J D，HEINRICH D N. Water use of Alfalfa genotypes of diverse. Genetic origin at three soil temperature ［J］. Can. J. PlantSci.，1975，55：705 - 708.

［25］ RAUN W R，JOHNSON G V. Improving nitrogen use efficiency for cereal production. Agron J，1999，91 （3）：357 - 363.

［26］ GUITJENS J C. Models of alfalfa yield and evapotranspiration ［J］，Journal of the Irrigation and Drainage Division：the Amer - ican Society of Civil Engineers，1982，108 （IR3）：212 - 222.

［27］ CARTER P R，SHEAFFER C C. Alfalfa response to soil waterdeficits I Growth，forage quality，yield，wateruse，and wateruse eficiency ［J］. Crop Science，1983，23：669 - 675.

［28］ WOOD M L，FINGER L. Influence of irrigation method on water use and production of perennial pastures in northern victoria ［J］. Australian Journal of Experimental Agriculture，2006，46 （12）：1605 - 1614.

第2章 试验示范区自然与社会经济概况

苜蓿浅埋式滴灌技术试验示范实施地点主要在新疆阿勒泰地区青河县和哈密市巴里坤县，均为新疆传统牧业县。其中青河县是新疆阿勒泰地区典型的以传统草原畜牧业为主的畜牧县，牲畜品种、养殖模式、饲草料储备等具有草原畜牧业特色。试验示范区所在的青河县阿苇灌区是新疆定居兴牧饲草料基地建设重点项目之一，可开垦 25 万亩饲草料地，实现 4000 余户牧民定居。阿苇灌区为典型内陆干旱、半干旱荒漠化草场区，属典型的干旱气候区。阿苇灌区作为饲草料建设基地的持续开发是本项目开展的契机，也为本项目的实施提供了稳定的基础条件和社会保障。哈密市巴里坤县位于天山东段北麓，天山山脉东段与东准噶尔断块山系之间的草原上，以牧业为主，素有"古牧国"之称，属温带大陆性冷凉干旱气候。牧民定居在新疆巴里自治县逐渐成为一种趋势，牧民定居既带来了发展和机遇，也带来了一些新的挑战。通过合理利用土地资源，改变传统粗放生产方式，推进水资源节约集约生产是帮助牧民顺利定居，实现社会、经济和文化可持续发展的重要途径。因此，在新疆阿勒泰地区青河县和哈密市巴里坤县开展苜蓿浅埋式滴灌试验示范研究具有重要的意义。

2.1 阿勒泰地区青河县试验示范区

2.1.1 研究方案

对试验示范区相关资料进行收集，了解当地地理位置、海拔、地形地貌等基本信息，建立试验示范区基础资料库。

对土壤进行实地勘查，了解试验点土壤的一般形态、理化性状和分布特征，为筛选灌水技术、设计灌溉制度提供基础依据。苜蓿样本采集于阿苇灌区三干管灌溉区，种植方式为浅埋式滴灌，第一茬收割的采集时间为 6 月中下旬。采取方法为在 1km^2 实验区域内随机选择 5 个样点，并记录好采集苜蓿样点的坐标，平均每个样点取苜蓿样本量 0.5kg。对应在苜蓿采样点取 5 个土壤样品，土壤样品采用剖面分层取土，间隔 20cm 取一个，每个土壤样品采取 1kg 左右，共计 5 层，剖面深度为 1m。

气象资料获取主要采用在青河县阿苇灌区试验点架设 HOBO 自计式气象站一台，该气象站监测项目包括最高空气温度（T_{max},℃），最低空气温度（T_{min},℃），最大相对湿度（RH_{max},%），最小相对湿度（RH_{min},%），太阳辐射量（R_s，MJ/m^2）以及平均风速（U_a，m/s）等气象指标。

2.1.2 研究方法

1. 土壤质地与含石砾情况

土样采集后风干，过 2mm 土筛，采用马尔文 2000 型激光粒度仪测定土壤机械组成，根据国际制分类标准确定土壤质地。挖取土壤剖面，采集 20cm³ 土样，称重法测定石砾质量百分比，排水法测定石砾体积百分比。

2. 土壤物理性质

采取方法为在 1km² 实验区域内随机选择 5 个样点，并记录好采集样点的坐标，平均每个采样点取 5 个土壤样品，土壤样品采用剖面分层取土，间隔 20cm 取一个，每个土壤样品采取 1kg，共计 5 层，剖面深度为 1m。

土壤养分检测委托新疆农业科学研究院理化检测中心进行样品的各项指标测定，主要检测依据为《新疆土壤分析方法》（DB65/T 602.1～602.13—2001）。

3. 气象

定期对气象数据进行下载，数据采用 Excel 2007 软件进行整理和制图，采用 SPSS 18.0（IBM，美国）软件对测得数据进行相关性统计分析。利用 Excel 2007 软件对测得数据进行分析整理。

2.1.3 试验过程与结果

2.1.3.1 试验示范区概况

青河县位于准噶尔盆地东北边缘，阿尔泰山东南麓，东北两面同蒙古国交界，西邻富蕴县，与昌吉回族自治州奇台县为邻，是阿勒泰地区最东边的一个县，位于东经 89°47′～91°04′，北纬 45°00′～47°20′，南北最长 258km，东西最宽 110km，总面积为 15579.5km²，占全疆面积近 1%。地势为北面高南面低，县城海拔 1218.00m，境内最高点海拔 3659.00m，最低点海拔 900.00m，县境内北部为阿尔泰山地，南部为丘陵、戈壁，山地丘陵占全县面积的 88.4%，极端最低气温为 53℃，年平均气温 0℃。全县辖 3 乡 5 镇，51 个行政村，总人口 6.73 万人，由哈萨克族、汉族、蒙古族、回族、维吾尔族等 16 个民族组成，其中哈萨克族占 76.47%，汉族占 18.27%，其他少数民族占 5.26%。

试验示范区所在的阿苇灌区位于青河县境内，乌伦古河上游河段二台水文站下游 10km 处的北岸，灌区南北长 40km，东西宽 10～12km，总面积 480km²。地面东高西低，高程在 1000.00～1150.00m 之间，坡降 15‰。土壤表层为沙壤土、碎石沙壤土，厚 20～40m，地下水位在 980.00m 左右，最西为乌伦古河，是灌区地下水溢出点。

阿苇灌区饲草饲料基地从 2006 年开始建设，2010 年完成建设饲草料基地 10 万亩，2016 年完成建设饲草料基地 10 万亩，2018 年完成建设饲草料基地 5 万亩，总开发灌溉面积 25 万亩。

2.1.3.2 土壤

1. 土壤机械组成分析

通过对 5 个样点的土壤分析，土壤质地在 5 层采样中 0.05～1.00mm 和大于 3mm 的粒径占到的百分数较大，土壤质地偏中砾石粗砂土和重砾石粗砂土，其中 0～20cm 表层土壤中 0.05～1.00mm 粒径占到 45％以上，1～4 号样点的 0.05～1.00mm 粒径在 20～40cm 占到 40％。大于 3mm 的粒径主要集中在土层 40cm 以下，且在 0～60cm 的土壤深度内，该粒径所占百分比呈增加的趋势。而颗粒为 1～3mm 和 0.01～0.05mm 粒径的土壤所占百分数含量相对较少，总体为 3％～5％之间，深度越深所占百分比含量越小，粒径小于 0.01mm 的轻砾石粗砂土所占百分比含量最少，随着土层深度增加此粒径的含量呈减少的趋势。这说明戈壁土壤由于长时间受到风沙侵蚀以及阿苇灌区长时间的水力灌溉在机械组成上主要以中砾石粗砂土和重砾石粗砂土为主。不同粒径土壤颗粒在深度上的百分数如图 2-1 所示。

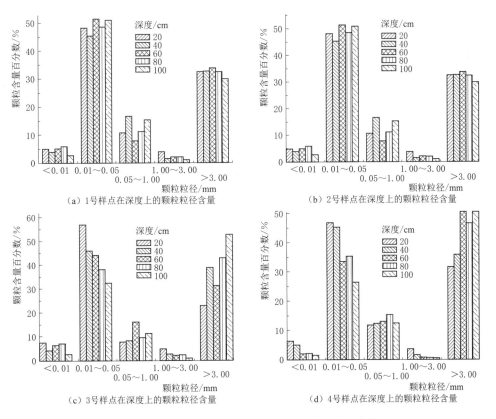

（a）1号样点在深度上的颗粒粒径含量　　　　（b）2号样点在深度上的颗粒粒径含量

（c）3号样点在深度上的颗粒粒径含量　　　　（d）4号样点在深度上的颗粒粒径含量

图 2-1（一）　不同粒径土壤颗粒在深度上的百分数

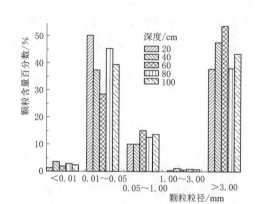

（e）5号样点在深度上的颗粒粒径含量

图 2-1（二）　不同粒径土壤颗粒在深度上的百分数

2. 土壤肥力分析

准格尔盆地东北缘阿苇灌区紫花苜蓿土壤肥力特征见表 2-1，结合全国第二次土壤普查推荐的土壤肥力分级标准，从表 2-1 可以看出阿苇灌区土壤肥力全量氮均值为 0.33，高于土壤肥力分级标准中的 0.2，属于 1 级标准；速效氮的平均值为 26.88，对应土壤速效氮的分级标准在 20～40 的范围区间，属于 2 级标准；有机质均值为 7.15，处于分级标准中有机质大于 4 的 1 类土壤土质；速效磷均值 3.98，处于土壤分级的 5 级范围之中（磷含量 3～5）；速效钾均值 90.98 处于土壤 4 级分级标准中（钾含量 50～100）。从阿苇灌区紫花苜蓿土壤的肥力来看，全量氮、速效氮、有机质含量较好，这也符合当前多数的研究结论，种植紫花苜蓿可增强有机质、全量氮的含量。而紫花苜蓿地土壤中磷和钾含量较少。

从变异系数 C_v 分析，速效磷和速效钾的变异系数较大，说明在同一地块磷和钾含量分布不均匀，其他土壤养分相对较稳定。

表 2-1　　　　准格尔盆地东北缘阿苇灌区紫花苜蓿土壤肥力特征

指标	均值	标准差	标准误差	最小值	最大值	变化范围	方差	变异系数	峰度
全量氮	0.33	0.06	0.03	0.25	0.41	0.16	0.00	0.17	1.00
全量磷	0.82	0.16	0.07	0.71	1.09	0.38	0.02	0.19	3.48
全量钾	17.37	1.89	0.84	15.22	19.04	3.82	3.56	0.11	−3.23
速效氮	26.88	4.73	2.12	21.00	32.50	11.50	22.41	0.18	−1.84
速效磷	3.98	1.50	0.67	3.00	6.60	3.60	2.24	0.38	4.12
速效钾	90.98	65.30	29.21	34.00	203.00	169.00	4264.66	0.72	3.60
有机质	7.15	1.51	0.67	5.89	9.66	3.77	2.28	0.21	2.52
石膏	63.40	14.12	6.31	50.17	80.47	30.30	199.30	0.22	−2.73
石灰	123.96	9.53	4.26	113.74	136.21	22.47	90.75	0.08	−1.99

3. 土壤微量元素分析

土壤微量元素特征见表 2-2。在 5 个采样点选取 0~25cm 的土壤剖面进行土壤微量元素研究，有研究结果表明土壤中微量元素的含量在一定程度上可影响苜蓿的品质，如粗纤维质、粗蛋白质和粗灰分；适量的微量元素可促进苜蓿品质的提高。阿苇灌区土壤微量元素剖面分布图如图 2-2 所示。由图 2-2 可知，阿苇灌区有效铁含量均值为 6.410mg/kg，最大值出现在 1 号剖面为 8.622mg/kg，最小值在 5 号剖面为 3.762mg/kg，其变异系数为 31.3%，对应全国土壤微量元素分级标准为中等（4.5~10.0mg/kg）。有效锰含量均值为 6.561mg/kg，最大值为出现在 5 号剖面的 13.241mg/kg，最小值为 4.311mg/kg，变异系数为 57.4%，属于强变异，对应有效锰中级分级指标（5~15mg/kg）。有效铜含量均值为

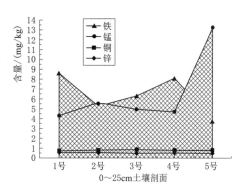

图 2-2 阿苇灌区土壤微量元素剖面分布图

0.793mg/kg，属于微量元素中中等分级指标（铜含量为 0.2~1.0mg/kg），从图 2-3 可以看出有效铜在五个剖面上分布较均匀，其变异系数为 6.5%，属弱变异。有效锌含量在土壤中的均值为 0.515mg/kg，变异系数 6.4%，对应土壤微量元素中有效锌含量分级标准为中等（0.515~1.000mg/kg）。

表 2-2　　　　　　　　　　　　　土 壤 微 量 元 素 特 征

元素	铁	锰	铜	锌
均值/(mg·kg⁻¹)	6.410	6.561	0.793	0.515
中值/(mg·kg⁻¹)	6.286	4.950	0.807	0.519
标准差	2.00735	3.76479	0.05175	0.03346
方差	4.029	14.174	0.003	0.001
极小值/(mg·kg⁻¹)	3.762	4.311	0.71	0.47
极大值/(mg·kg⁻¹)	8.622	13.241	0.85	0.55
变异系数/%	31.3	57.4	6.5	6.4

2.1.3.3　气象

青河县多年平均气温 2.5℃，极端最高 34.3℃，极端最低 −49.7℃；太阳辐射总量 141.6ka/cm²a；多年平均日照时数 3165.3h，其中 5—8 月占 42%；无霜期平均 103 天；多年平均降水量 172.2mm，主要集中在夏季、冬季；多年平均蒸发量 1430.1mm；年大风次数 17~18 次，平均风速 5.3m/s，最大 6.3m/s，大多发生在 5—8 月。试验区典型日气温变化如图 2-3 所示。

试验区日最低气温出现在 6：00 左右，日最高气温在 18：00 左右。一天中

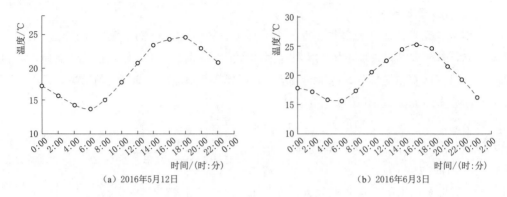

（a）2016年5月12日   （b）2016年6月3日

图 2-3 试验区典型日气温变化

6：00～18：00 呈现明显的升温过程，18：00 至第二天 6：00 温度逐渐降低。典型年紫花苜蓿第一茬日气温变化如图 2-4 所示。

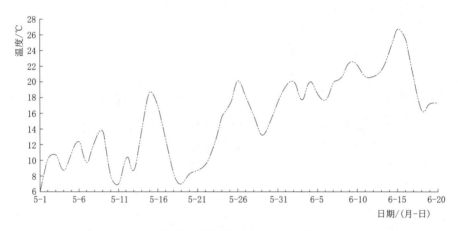

图 2-4 典型年紫花苜蓿第一茬日气温变化（2016 年）

紫花苜蓿第一茬整个生育期温度波动较大，但整个生育期温度整体呈逐渐上升趋势。整个生育期日最低温度均大于 6℃，平均温度 16.5℃。

2.2 哈密市巴里坤县试验示范区

2.2.1 地理位置

哈密市巴里坤县地处新疆东北部，东邻伊吾县，南接哈密市，西毗昌吉回族自治州木垒哈萨克自治县，北与蒙古国接壤，是全国三个哈萨克族自治县之一，也是国家扶贫开发工作重点县，是新疆典型的边境县、高寒县、易灾县。项目实施地点所在的巴里坤西黑沟灌区，属于花园子、海子沿乡范围以内，位于巴里坤县西南部。

2.2.2 气象水文条件

巴里坤地形特征为"三山夹两盆",有"新疆缩影"之称,全县地势东南高,西北低,地形为三山夹两盆地,其中巴里坤盆地在巴里坤山和莫钦乌拉山之间,三塘湖盆地在莫钦乌拉山和东准噶尔断块山系之间,属于中温带干旱气候区,春秋不明显,冬季寒冷较大,夏季凉爽,气温年差较大。

区域内气温四季不明显,气温低,基本只有暖季和冷季之分,多年平均暖季为4月10日至10月14日,冷季为10月15日至次年4月9日,多年平均气温1.7℃,1月最冷,7月最热;1月的多年平均气温为−17.9℃,7月的多年平均气温为17.7℃,极端最高气温34.8℃(2000年7月),极端最低气温−43.6℃(1958年1月);>10.0℃积温为1730℃,持续日数为112天。巴里坤西黑沟气象站年、月平均气温见表2-3。

表2-3   巴里坤西黑沟气象站年、月平均气温表

月份	1	2	3	4	5	6	7	8	9	10	11	12	年平均
气温/℃	−17.9	−14.5	−4.7	4.6	11.4	16.2	17.7	16.2	10.5	2.3	−7.1	−14.7	1.7

西黑沟雨量站年降水量271.7mm,年降水量分配见表2-4。从表2-4中可以看出,降水量的年内分配不均匀,连续最大四个月降水量出现在5—8月,占年降水量的64.3%,最大月降水量是7月,占年降水量的24.1%,最小月降水量是1月,占年降水量的1.1%。年最大降水量为395.7mm,发生在2003年,年最小降水量为123.3mm,发生在2002年,最大年降水量与最小年降水量的比值为3.2左右。水面蒸发量是反映当地蒸发能力的指标,主要受气压、气温、相对湿度、风、太阳辐射等气象因素的综合影响。水面蒸发量随高度的变化规律与降水量随高程的变化规律相反,一般山区小于平原,随着海拔高度的降低,水面蒸发量逐步增大。巴里坤气象站多年平均年蒸发量为1070.4mm,最大年水面蒸发量为1381.4mm(1962年),最小年水面蒸发量为901mm(2003年)。

表2-4   西黑沟雨量站年降水量分配表

月份	1	2	3	4	5	6	7	8	9	10	11	12	总和
降水量/mm	3.1	4.4	9.9	22.8	28.7	42.3	65.4	38.2	25.8	19.6	7.6	3.9	271.7
蒸发量/mm	9.7	18.1	48.4	97.9	167.3	177.6	165.0	161.9	127.9	65.6	20.6	10.4	1070.4

注:以E 601蒸发皿观测值计。

试验示范区灌溉方式为自压滴灌系统,以地表水为水源,从西黑沟西干渠引水,水量丰富,水质可靠。西黑沟流域的径流主要由冰川融雪水、夏季降雨及基岩裂隙水补给为主,属冰雪融水、降水、地下水混合型补给河流。其主要产流区在巴里坤山径流深高值区,流域坡降大,流程短;虽然流域面积小,但水量较大。西河沟水文站年径流量分配见表2-5。全年径流集中在汛期5—9月,其中在4—6月主要为融雪水补给,7—9月以融冰雪水与夏季降雨补给,每年10月至次年3月径流量以泉水补给为主,由于补

给源相对稳定，夏季的高山积雪融水量与中低山径流量随着气候干暖、冷湿的变化有较大的互补性。西黑沟流域多年平均径流 2583 万 m^3。

表 2-5 西河沟水文站年径流量分配表

月份	1	2	3	4	5	6	7	8	9	10	11	12	总和
径流量/万 m^3	49.1	43.9	36.2	49.1	245.4	586.3	749.1	480.4	149.8	82.7	59.4	51.7	2583
分配比/%	1.9	1.7	1.4	1.9	9.5	22.7	29.0	18.6	5.8	3.2	2.3	2.0	100

2.2.3 社会状况

巴里坤行政区划总面积 3.84 万 km^2，其中山地、戈壁 2.55 万 km^2，占全县总面积的 66%。县域总人口 10.5 万人，由汉族、哈萨克族、维吾尔族、蒙古族等 13 个民族构成，其中哈萨克族占 35.8%。县辖 15 个乡镇场区、46 个行政村、12 个自然村、6 个社区。

2.2.4 土壤及作物种植状况

巴里坤地形特征为"三山夹两盆"，有"新疆缩影"之称。地势东南高，西北低。地貌大体可分为山地、台原（高原）、盆地、戈壁荒漠、湖泊五大类。项目区属于西黑沟下游冲洪积砾质平原和细土平原区，土壤类型属栗钙土类型以及草甸土、残余沼泽土长期耕作而演变成的土壤类型，土壤含氮、钾丰富，极为缺磷。灌区总面积为 27.62 万亩，主要以种植苜蓿和青贮玉米为主。

参考文献

［1］ WANG Y，LI L，CUI W，et al. Hydrogen sulfide enhances alfalfa（Medicago sativa）tolerance against salinity during seed germination by nitric oxide pathway［J］. Plant and Soil，2012，351（1/2）：107-119.

［2］ 徐丽君，王波，辛晓平. 紫花苜蓿人工草地土壤养分及土壤微生物特性［J］. 草地学报，2011，19（3）：406-411.

［3］ 曹宏，章会玲，盖琼辉，等. 22 个紫花苜蓿品种的引种实验和生产性能综合评价［J］. 草业学报，2011，20（6）：219-229.

［4］ 程积民，万惠娥，王静，等. 黄土丘陵区紫花苜蓿生长与土壤养分变化［J］. 应用生态学报，2005，16（3）：435-438.

［5］ 麻冬梅，金凤霞，蒙静，等. 不同种植年限苜蓿对土壤理化性质、微生物群落和苜蓿品质的影响［J］. 水土保持研究，2013，20（5）：29-32.

［6］ 高婷，孙启忠，王川，等. 宁夏同一生态区不同立地条件对苜蓿生产性能的影响［J］. 中国草地学报，2013，38（5）：19-24.

［7］ 杨玉梅，蒋平安，艾尔肯. 种植苜蓿对土壤肥力的影响［J］. 中国草地学报，2005，28（2）：248-251.

［8］ 胡发成. 种植苜蓿改良培肥地力的研究初报［J］. 草业科学，2005，22（8）：47-49.

［9］ 张春霞，郝明德，王旭刚. 黄土高原地区紫花苜蓿生长过程中土壤养分的变化规律［J］. 西北

植物学报，2004，24（6）：1107-1111.

[10] 郭哗红，张晓琴. 紫花苜蓿对次生盐渍化土壤的改良效果研究［J］. 甘肃农业大学学报，2004，39（2）：173-176.

[11] 刘恩斌. 种植紫花苜蓿提高黄土坡地土壤肥力实验研究［J］. 陕西农业科学，2007（4）：60-62.

[12] 贾举成，李金花，王刚，等. 添加豆科植物对弃耕地土壤养分和微生物量的影响［J］. 兰州大学学报（自然科学版），2007，43（5）：33-37.

[13] 刘群昌，白美键，江培福，等. 高标准农田水利建设探讨［J］. 水利与建筑工程学报，2013，11（1）：22-25.

[14] 卡地尔江·米吉提，马英杰，洪明，等. 不同灌水条件下田菁根际土壤水盐变化规律试验研究［J］. 水利与建筑工程学报，2012，10（4）：1-5.

[15] 张炳运，介晓磊，刘芳，等. 微量元素配施对土壤及紫花苜蓿中微量元素的影响［J］. 土壤通报，2009，40（1）：144-159.

[16] 高照，高鹏. 巴里坤县西黑沟流域水文特性［J］. 地下水，2010，32（2）：116-119.

[17] 高建芳，骆光晓. 气候变化对新疆哈密地区河川径流的影响分析［J］. 冰川冻土，2009（4）：748-758.

[18] 骆光晓，吴力平，尹进莉，等. 新疆哈密地区地表水资源量趋势分析［J］. 水文，2007，27（5）：92-95.

第3章　浅埋式滴灌毛管布设对土壤水分与苜蓿生长的影响

为了摸清苜蓿浅埋式滴灌条件下土壤水分分布和对苜蓿生产的影响，项目组分别在河海大学水文水资源国家重点实验室开展了浅埋式滴灌土壤水分分布规律室内试验研究，在新疆阿勒泰地区青河县阿苇灌区开展了浅埋式滴灌毛管布设对土壤水分与苜蓿生长影响的大田试验。室内试验土箱净尺寸为 30cm×30cm×60cm（长×宽×高），供试土壤取自青河县阿苇灌区试验站。试验设置 5cm、10cm、15cm 3 个滴头埋深，各埋深条件下设置不同流量的处理，分析了土壤湿润体的变化过程、滴头流量和埋深对土壤水分分布影响等内容。苜蓿浅埋式地下滴灌田间试验于 2016 年 4—10 月在新疆阿勒泰地区青河县阿苇灌区试验站开展，通过采用 5cm、10cm、20cm 等 3 种滴头埋深和 30cm、60cm、90cm 等 3 种间距共 9 种处理对比试验，利用实测的苜蓿土壤水分资料、生长指标和产量以及毛细根量等数据，分析了不同毛管埋深以及不同毛管间距入渗湿润形状，灌水结束后各垂直土层水分分布、水分的动态变化，以及不同毛管埋深以及不同毛管间距下毛细根的分布差异性，得出了研究结论。

3.1　试验设计与方法

3.1.1　浅埋式滴灌土壤水分分布规律室内试验研究

3.1.1.1　试验概况

试验在河海大学水文水资源国家重点实验室进行。供试土壤取自青河县阿苇灌区，供试土壤基本物理指标见表 3-1。土样经自然风干后，过 2mm 孔径的筛，分层（5cm）均匀装入有机玻璃箱内，为保证土体整体性，装土时上层土与下层土间打毛。考虑到滴灌常用滴头间距为 30cm、滴灌管布设间距为 60cm，故试验土箱净尺寸为 30cm×30cm×60cm（长×宽×高），采用 8mm 厚有机玻璃制作。考虑到入渗湿润体的对称性，将滴头埋设于距土箱侧壁内 1cm 处的垂向中心线上，试验将大致形成半个湿润体。在箱壁垂直方向上每隔 5cm 刻线，便于装土时控制土壤干容重及在试验过程中观测湿润峰的运移位置。供试土壤基本物理指标见表 3-1。浅埋式滴灌入渗试验装置示意图如图 3-1 所示。

表 3 - 1		供试土壤基本物理指标		
颗粒含量/%			干容重 /(g/cm³)	田间持水率 /%
黏粒	粉粒	沙粒		
12	35.9	51.57	1.6	31.2 (体积)

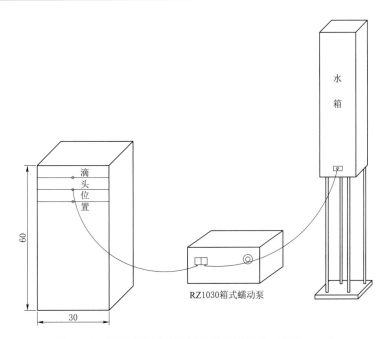

图 3 - 1 浅埋式滴灌入渗试验装置示意图 (单位: cm)

3.1.1.2 试验设计

本试验设置 5cm、10cm、15cm 3 种滴头埋深,在各埋深条件下,设置流量初始值各为 0.5L/h、1.3L/h、2.0L/h,流量梯度为 0.1L/h,进行多次试验,直至土体遭到破坏,每次试验过程中控制累计灌水量为 3L,初始含水率均为 3.2% (体积含水率)。为便于阐述,针对试验土体建立直角坐标系,以过滴头的垂线与土壤表面的交点为原点,以过滴头的向下垂线为 Z 轴,以滴头所在侧壁与土壤表面的交线为 X 轴,以垂直于 X 轴、Z 轴的水平线为 Y 轴,取样点分布示意图如图 3 - 2 所示。

试验开始后,按预先设定的时间间隔用记号笔在土箱垂直面记录湿润锋的推进形状,观测土壤湿润峰向上、向下和向水平方向的运移距离,记录所见湿润体轮廓。

灌水结束后,立即测定土壤含水率,沿 Z 轴向下每 5cm 在 XOY 平面上取 19 个样点 (图 3 - 2),直至湿润峰垂直向下运移到最远处。分层取土时,用相机拍照记录各层土壤湿润体剖面形状,采用烘干法测定各取样点土壤含水率。

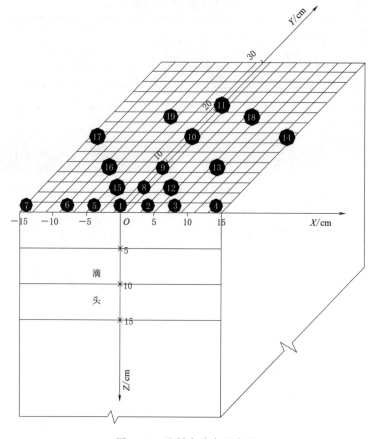

图 3-2 取样点分布示意图

3.1.2 浅埋式滴灌毛管布设对土壤水分与苜蓿生长影响的田间试验研究

3.1.2.1 试验设计

试验区位于青河县境内的阿苇灌区试验站,试验站与试验小区分别如图 3-3 和图 3-4 所示。试验采用田间小区对比试验。每个小区长 30m,宽 2.4m,地面分干管为 ϕ50 的 PE 管,支管为 ϕ40 的 PE 管。试验苜蓿为 2012 年 8 月播种的当地主栽紫花苜蓿品种阿尔冈金,苜蓿行距为 30cm。毛管采用当地主用的可以防负压的内镶贴片式滴灌带,滴头标定流量为 2.2L/h,其中滴灌带直径为 2mm,滴头间距为 30cm。毛管布置示意图如图 3-5 所示。

试验选取毛管(滴灌带)埋设深度和毛管布设间距两种试验因素,根据类似研究并结合当地推广实际情况试验选用毛管埋设深度 5cm、10cm、20cm 等 3 种水平,毛管间距设 30cm、60cm、90cm 等 3 种水平,共计 9 个处理,每个处理为 1 个小区(长 30m×宽 2.4m),重复 1 次,分别记为 D_5L_{30}、$D_{10}L_{30}$、$D_{20}L_{30}$、D_5L_{60}、$D_{10}L_{60}$、$D_{20}L_{60}$、D_5L_{90}、$D_{10}L_{90}$、$D_{20}L_{90}$,具体见表 3-2。灌水定额均按照 25m³/亩进行灌溉。

图 3-3 阿苇灌区试验站

图 3-4 阿苇灌区试验小区

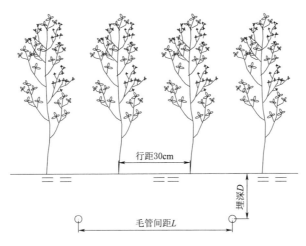

图 3-5 毛管布置示意图

灌水定额依据当地农民用水习惯及苜蓿生理特性而制定，各处理毛管埋深与毛管间距设计见表 3-2，各实验处理均采用同一灌溉制度。具体灌水时间与灌水量见表 3-3。上述试验的试验小区由水表（水表自带球阀）计量并控制灌水定额。

表 3-2   苜蓿浅埋式滴灌田间试验处理表

毛管间距 L/cm	毛管埋深 D/cm		
	5	10	20
30	D_5L_{30}	$D_{10}L_{30}$	$D_{20}L_{30}$
60	D_5L_{60}	$D_{10}L_{60}$	$D_{20}L_{60}$
90	D_5L_{90}	$D_{10}L_{90}$	$D_{20}L_{90}$

3.1.2.2 观测内容及方法

试验在阿勒泰市青河县开展，由于试验区位于干旱荒漠地区，气候干冷，温度回升缓慢，全年无霜期较短，当地紫花苜蓿全年只能刈割两茬。根据试验植株调查，试验小区紫花苜蓿生育期划分见表 3-4。

表3-3   苜蓿浅埋式滴灌灌溉制度表

处理编号	灌水量/(m³/亩)																
	第一茬日期/(月-日)							第二茬日期/(月-日)									
	5-4	5-13	5-21	5-30	6-8	6-17	6-25	6-29	7-8	7-17	7-26	8-4	8-13	8-22	9-1	9-10
D_5L_{30}	25	25	25	25	25	25	收割	25	25	25	25	25	25	25	25	收割
$D_{10}L_{30}$	25	25	25	25	25	25	收割	25	25	25	25	25	25	25	25	收割
$D_{20}L_{30}$	25	25	25	25	25	25	收割	25	25	25	25	25	25	25	25	收割
D_5L_{60}	25	25	25	25	25	25	收割	25	25	25	25	25	25	25	25	收割
$D_{10}L_{60}$	25	25	25	25	25	25	收割	25	25	25	25	25	25	25	25	收割
$D_{20}L_{60}$	25	25	25	25	25	25	收割	25	25	25	25	25	25	25	25	收割
D_5L_{90}	25	25	25	25	25	25	收割	25	25	25	25	25	25	25	25	收割
$D_{10}L_{90}$	25	25	25	25	25	25	收割	25	25	25	25	25	25	25	25	收割
$D_{20}L_{90}$	25	25	25	25	25	25	收割	25	25	25	25	25	25	25	25	收割

表3-4   试验小区紫花苜蓿生育期划分

紫花苜蓿	返青期	分枝期	孕蕾期	初花期	盛花期
第一茬	5-1—5-15	5-16—6-3	6-4—6-13	6-14—6-20	6-20—6-25
第二茬	7-3—7-13	7-11—8-9	8-10—8-19	8-20—9-1	9-2—9-10

试验观测内容主要有苜蓿株高、茎粗、作物产量、土壤水分、毛细根生物量等，具体如下：

（1）苜蓿株高的测定。在每个试验小区中选取苜蓿长势均匀的部分，从该部分中随机选取具有代表性的10株苜蓿定株，每隔5天测一次苜蓿株高，孕蕾前为从苜蓿茎的最基部到最上叶顶端的距离，孕蕾期后为从苜蓿茎的最基部到最顶端的距离。

（2）茎粗的测定。在每个试验小区中选取苜蓿长势均匀的部分，从该部分中选取具有代表性的10株苜蓿定株，每隔5天用游标卡尺测一次苜蓿茎粗，每次测量单株苜蓿茎粗时，东西、南北向各测一次，最终取平均值。

（3）作物产量的测定。分别于苜蓿第一茬分枝期（5-25）、孕蕾期（6-10）、盛花期（6-20）、收割时（6-26）和第二茬分枝期（7-15）孕蕾期（8-15）、盛花期（9-5）、收割时（9-12）选取各小区长势均匀区域，样方面积约为100cm×100cm，刈割两次取平均值，留茬高度5cm左右。收割后立即测取苜蓿鲜重。最终将所测鲜草置于阴凉处自然风干，测得质量为干草产量。

（4）土壤水分动态观测。使用PR2（Profile probe 2）仪器观测土壤水分，结合烘干法。PR2仪器利用FDR技术，通过分布在探杆上不同高度的水分传感器对0.5m或1m深的土壤进行固定间距的土壤剖面水分测量，该仪器具有使用方便、安装成本低、不受土壤盐分影响等特点。在每个小区中间的两根滴管之间布设3根PR2探管，其中一根PR2管贴近滴管布置，另一根布置于两根滴管中间，第3根PR2管布置于上述两者中间。对各处理各生育期选取其中一个灌水周期内逐日测取含水率值。土钻取样每 5 天取样一次，用烘干法对 PR2 测量结果进行校准。

（5）毛细根生物量观测。毛细根（直径小于 2mm）是水分传输的主要通道，在生态系统中起着重要的作用。因此，本书把直径小于 2mm 的根系定义为毛细吸水根，主要通过颜色与形态辨识苜蓿的细根，活根的颜色较浅，死根是皱缩的，易折断且颜色较深。本研究主要测定不同深度细根的干重密度。试验于苜蓿第一茬开花期（6 - 14—6 - 20）和第二茬开花期（8 - 25—9 - 1）时，分别在距毛管水平距离 0cm、10cm、20cm、30cm、40cm、50cm 处竖直方向分 6 层，每 10cm 为 1 层，共 60cm 深度分层采集土样。首先，选用内径为 10cm，高度为 10cm 的圆柱形根钻，取回后立即用纱布包裹清洗掉土壤，分离出毛细根，褐色或黑色确定为死根，白色为活根，仅留直径小于 2mm（误差不大于 0.1mm）的毛细根；然后，将挑出的毛细根放置在 65℃烘箱中烘干至恒重后称重；最后，换算为毛细根根重密度。上述取样均设 2 个重复。不同毛管间距根系取样图如图 3 - 6 所示。

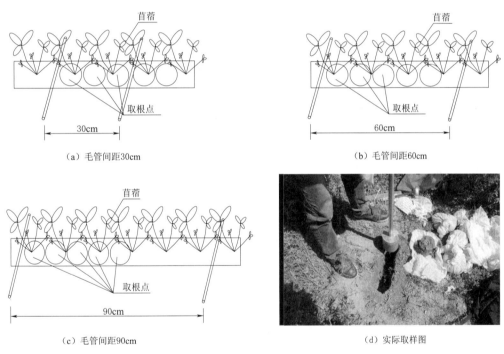

（a）毛管间距30cm

（b）毛管间距60cm

（c）毛管间距90cm

（d）实际取样图

图 3 - 6 不同毛管间距根系取样图

（6）土壤湿润体形状和土壤水分分布观测。挑选试验区附近较为平整的地面，为了保持田间土表的自然状态，尽量不要破坏表层土壤，如有局部达不到要求的，可用铁锹对地面进行适当的平整。测坑开挖规格为长 1.0m、宽 0.5m、深 0.7m。测坑竖直侧面作为观测面，实验过程中选取地块附近取土样，以确定各层土壤初始含水率，入渗结束后 5min 开始对入渗湿润体剖面进行开挖，用直尺测量下渗深度及各层宽度，并测得湿润体内代表点含水率值。含水率测定采用取土烘干法，并最终换算为体积含水率。

3.2　浅埋式滴灌土壤水分分布规律室内试验分析

3.2.1　临界流量

在滴头埋深相同时，若流量过大则可能引起土壤水压力增加，造成紧邻周边土壤结构的破坏并产生裂缝。为探索不同滴头埋深条件下，土壤结构破坏的临界流量，进行多次试验，发现流量超过某一临界值后，试验土体会遭到破坏。各埋深条件下临界流量见表 3-5。临界流量时试验土体破坏情况如图 3-7 所示。

表 3-5　　　　　　　　　　　各埋深条件下临界流量

滴头埋深/cm	临界流量/(L/h)	现 象 描 述
5	1.0	临界流量大于 1.0L/h 时，湿润体从滴头处开始产生裂缝，逐渐被水流冲蚀，扩展成孔洞直至土壤表层，土壤表层出现积水，如图 3-7 (a) 所示
10	1.7	临界流量大于 1.7L/h 时，湿润体从滴头处开始产生裂缝，逐渐被水流冲蚀，扩展成孔洞直至土壤表层，土壤表层出现积水，如图 3-7 (b) 所示
15	2.5	临界流量大于 2.5L/h 时，湿润体从滴头处开始产生裂缝，裂缝从侧面逐渐扩展，导致土体分层破坏，土壤表层无积水，如图 3-7 (c) 所示

(a) 滴头埋深5cm，流量1.1L/h

(b) 滴头埋深10cm，流量1.8L/h

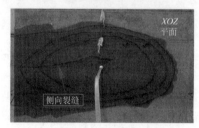

(c) 滴头埋深15cm，流量2.6L/h

图 3-7　临界流量时试验土体破坏情况

随着滴头流量的增加，周围土体的渗透压力逐渐增大，因为浅埋式滴灌滴头埋设深度较小，所以当滴头流量增加到一定程度，其上部的土体将先发生渗透破坏，对应的滴头流量即为临界流量。在实际运行中，滴头流量应小于临界流量。

3.2.2 土壤湿润体的变化过程

针对 5cm、10cm、15cm 3 种滴头埋深处于临界流量条件，取 *XOZ* 平面观察入渗过程中湿润峰随时间变化过程，分析湿润体的变化规律。湿润峰运移曲线如图 3-8 所示。

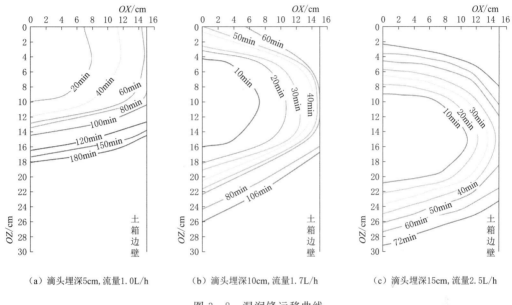

（a）滴头埋深5cm,流量1.0L/h　　（b）滴头埋深10cm,流量1.7L/h　　（c）滴头埋深15cm,流量2.5L/h

图 3-8　湿润锋运移曲线

由图 3-8 可以看出，湿润锋水平运移距离最大的位置在滴头所在平面。在入渗初期，湿润峰水平运移距离较垂向增长快，土壤基质势梯度是主要驱动力。随着时间的增长，湿润体体积不断增大，由于单位时间内灌水量不变，湿润半径的增量逐步减小，在入渗时间达到 60min 时，水平和垂向湿润锋的发展都开始明显减慢。灌水结束后湿润体垂向运移距离见表 3-6。

表 3-6　　　　　　　　　　　灌水结束后湿润体垂向运移距离

滴头埋深/cm	灌水量/L	流量/(L/h)	垂直向上距离/cm	垂直向下距离/cm	垂直湿润总长度/cm
5	2.9	1.0	5.0	13.1	18.1
10	2.9	1.7	10.0	16.0	26.0
15	3.0	2.5	12.7	14.3	27.0

由表 3-6 可知，灌水结束后，在灌水量基本相同的情况下，临界流量时，滴头埋深 5cm 时，垂直湿润总长度和垂直向下距离均较小；滴头埋深 15cm 时，土箱表层部分土体未湿润，垂直湿润总长度较滴头埋深 10cm 相差不多；而滴头埋深 10cm 时，垂直

向下距离较大。可见，滴头埋深较浅时，湿润体整体位置分布较浅且灌水结束后基本呈长方体，随着滴头埋深的增大，湿润体整体位置分布逐渐加深，灌水结束后的形状逐渐趋向于椭球体。

3.2.3　滴头流量对土壤水分分布影响

根据 XOY 平面各层取样点含水率变化值进行线性插值，分析各层含水率分布规律并按含水率等值线进行积分，逐层计算湿润体储水量。各滴头埋深在不同流量的情况，灌水量基本一致时，土壤湿润体各层储水量见表 3-7。

表 3-7　　　　　　　　　　　　不同流量下湿润体各层储水量

项　　目		滴头埋深 5cm 储水量/L			滴头埋深 10cm 储水量/L			滴头埋深 15cm 储水量/L		
		q=0.5L/h	q=0.8L/h	q=1.0L/h	q=1.3L/h	q=1.5L/h	q=1.7L/h	q=2.0L/h	q=2.3L/h	q=2.5L/h
入渗时间/h		6.00	3.75	3.00	2.30	2.00	1.75	1.5	1.3	1.20
实际灌水量/L		2.749	2.738	2.859	2.883	2.859	2.907	2.979	3.027	3.046
垂直深度/cm	0~5	0.748	0.748	0.781	0.587	0.423	0.430	—	—	—
	5~10	0.753	0.784	0.775	0.611	0.657	0.387	0.328	0.410	0.389
	10~15	0.704	0.665	0.696	0.568	0.673	0.596	0.546	0.632	0.525
	15~20	0.513	0.525	0.509	0.561	0.616	0.600	0.601	0.735	0.721
	20~25	—	—	—	0.413	0.439	0.487	0.527	0.519	0.576
	25~30	—	—	—	—	—	0.300	0.430	0.359	0.366
	合计	2.719	2.721	2.762	2.740	2.808	2.800	2.432	2.655	2.577

由表 3-7 可以看出，可能由于试验与计算误差，储水量计算值较实际灌水量略有偏小。在滴头埋深 5cm 时，湿润体的储水量大体分布在垂直深度 0~15cm 间，随着滴头流量的增加，垂直深度 10cm 以下部分的储水量无显著增加，灌溉增加的水量主要聚集在上部，待超过临界流量时水分涌出土体表面；滴头埋深 10cm、15cm 时，伴随滴头流量的增加，在流量未达到临界流量时，储水量则随垂直深度的增加呈增加趋势。由此可见，滴头埋深不宜太浅，建议在 10cm 左右。

3.2.4　滴头埋深对土壤水分分布影响

分别对滴头埋深为 5cm、10cm 和 15cm 进行试验，选取各埋深情况下的滴头临界出水流量，分析滴头埋深对土壤水分分布状况的影响规律。湿润体零通量面含水率等值线（体积含水率）如图 3-9 所示。

试验过程中控制累计入渗量均为 3L 左右，根据取样点含水率值，采用克里金插值的方式绘制湿润体零通量面（XOZ 平面）含水率等值线，如图 3-9 所示。由图 3-9 可见，不同滴头埋深情况下的水分分布存在着较为明显的差异。滴头埋深为 5cm 时，湿润体水量主要集中分布在滴头附近至土箱表层处，最大湿润深度仅有 18cm 左右，土壤含水率值比其他 2 个滴头埋深情况高出 2%~4%（土壤含水率值）。滴头埋深为

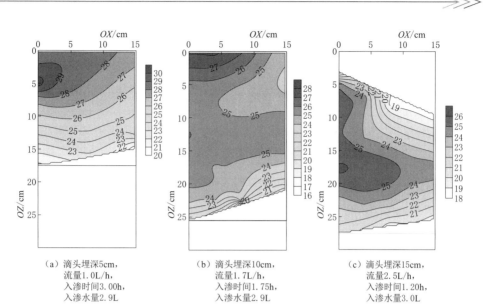

（a）滴头埋深5cm，
流量1.0L/h，
入渗时间3.00h，
入渗水量2.9L

（b）滴头埋深10cm，
流量1.7L/h，
入渗时间1.75h，
入渗水量2.9L

（c）滴头埋深15cm，
流量2.5L/h，
入渗时间1.20h，
入渗水量3.0L

图3-9　湿润体零通量面含水率等值线（体积含水率）

15cm时，土箱表层部分土体未湿润，湿润体水量主要分布在紧邻滴头下方的土体，湿润体湿润深度较大，约28cm。当滴头埋设在10cm时，紧邻滴头上方的土体土壤含水率最高，垂直方向上0～20cm间土壤含水率均在25％左右，湿润深度约26cm。由此可见，滴头埋深10cm，流量1.7L/h时土壤含水率分布最为均匀。

3.3　毛管布设对土壤水分分布的影响

3.3.1　毛管布设对入渗湿润体形状的影响

3.3.1.1　不同毛管间距下入渗湿润体形状特征

选取毛管埋深为10cm处理下，不同毛管间距的入渗湿润体形状特征。毛管埋深为10cm，毛管间距分别为30cm、60cm、90cm处理下其入渗湿润体形状如图3-10所示。由图3-10分析得：毛管间距为30cm的$D_{10}L_{30}$处理，其总的垂直湿润深度为28cm，其中向下湿润深度为18cm，向上湿润到地表，滴头处水平湿润半径为22cm，地表水平湿润半径为16cm；毛管埋深60cm的$D_{10}L_{60}$处理，其总的垂直湿润深度为35cm，其中向下湿润深度为25cm，向上湿润到地表，滴头处水平湿润半径为30cm，地表水平湿润半径为24cm；毛管间距为90cm的$D_{10}L_{90}$处理，其总的垂直湿润深度为39cm，其中向下湿润深度为29cm，向上湿润到地表，滴头处水平湿润半径为38cm，地表水平湿润半径为30cm。

因此，毛管埋深10cm各处理情况其水平最大入渗距离所处位置一般为毛管滴头所处深度的位置，主要水分维持在0～35cm深度土层。毛管埋深10cm、毛管间距为

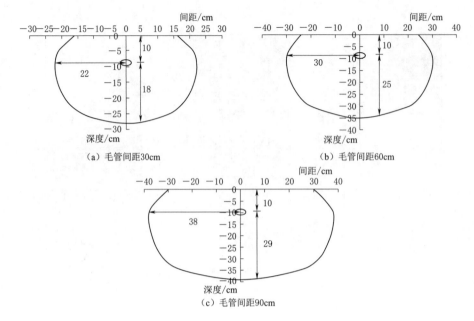

图 3 - 10　毛管埋深 10cm 不同毛管间距入渗湿润体形状图

30cm 时，滴头处水平湿润距离维持在 22cm 左右，由于毛管间距为 30cm，湿润横向最大距离约为 22cm，水平湿润距离大于 15cm 的土层占据总湿润土层的 2/3，在横向入渗较好满足了灌水要求；毛管埋深 10cm 间距 60cm，其滴头处水平湿润距离维持在 30cm 左右。由于毛管间距为 60cm，湿润横向最大距离约为 30cm，横向水分基本上满足灌水要求；毛管埋深 10cm 间距 90cm，其滴头处水平湿润距离维持在 38cm 左右。由于毛管间距为 90cm，湿润横向最大距离约为 38cm，两毛管之间水分不能达到交汇。综上，毛管间距 30cm、60cm 对于苜蓿生长具有较好的促进作用，间距为 90cm 对于两毛管中间的苜蓿生长具有一定的限制。

3.3.1.2　不同毛管埋深下入渗湿润体形状

选取毛管间距为 60cm 处理下，不同毛管埋深的入渗湿润体形状特征。毛管间距为 60cm，毛管埋深分别为 5cm、10cm、20cm 处理下其入渗湿润体形状如图 3 - 11 所示。由图 3 - 11 分析得：毛管埋深 5cm 的 D_5L_{60} 处理，其总的垂直湿润深度为 30cm，其中向下湿润深度为 25cm，向上湿润到地表，滴头处水平湿润半径为 31cm，地表水平湿润半径为 28cm；毛管埋深 10cm 的 $D_{10}L_{60}$ 处理，其总的垂直湿润深度为 35cm，其中向下湿润深度为 25cm，向上湿润到地表，滴头处水平湿润半径为 30cm，地表水平湿润半径为 24cm；毛管埋深 20cm 的 $D_{20}L_{60}$ 处理，其总的垂直湿润深度为 43cm，其中向下湿润深度为 23cm，向上湿润深度为 20cm，湿润到地表，滴头处水平湿润半径为 30cm，地表水平湿润半径为 7cm。

因此，毛管间距为 60cm 时，毛管埋深为 5cm、10cm、20cm 各处理其滴头处水平

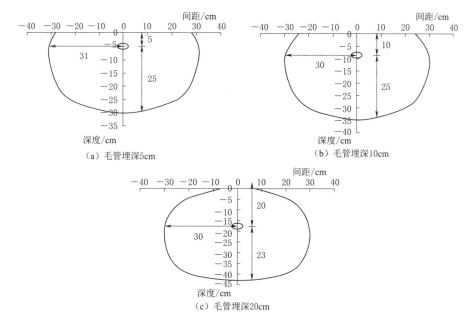

图 3-11 毛管间距 60cm 不同毛管埋深入渗湿润体形状图

湿润距离均维持在 30cm 左右，随着毛管埋深的增加，其垂直方向湿润深度有所增加，主要水分维持在 0~45cm 土层，毛管埋深 5cm 时，其湿润体形状开口较大，其总入渗深度仅为 30cm，毛管埋深 10cm 时，开口相对埋深 5cm 有所减小，水平入渗深度为 35cm，毛管埋深 20cm 时，其开口很小，地表出及浅层深度土层水分水平入渗距离较小，其入渗深度达到 45cm 左右，由于毛管间距为 60cm，湿润横向最大距离约为 30cm，横向水分基本上满足灌水要求。垂直方向上，水分湿润的深度随毛管埋设深度的不同差别较明显。

综上，毛管埋设 5cm 其 0~20cm 深度土层水平入渗距离相对于埋深 10cm 差别不明显，相对于埋深 20cm 处理差别较明显，埋深 20cm 处理其水平湿润距离较大的深度为 10~40cm 处，30~40cm 深度土层其水平入渗长度均与埋深 5cm、10cm 差别较明显。

3.3.1.3 不同毛管布设下入渗湿润体形状对比

不同毛管布设下湿润体形状各有差异，不同处理滴灌结束后湿润体各指标数值见表 3-8。其中：毛管埋深为 5cm、10cm 处理其向上均湿润到地表，毛管埋深 5cm 处理灌水结束后地表均存在明显的积水现象；毛管埋深 10cm 处理水分虽入渗到地表，但地表无积水；毛管埋深 20cm 处理，由于其埋设较深，入渗到地表的水分较少。毛管埋设 5cm 其垂直方向总湿润深度为 25~35cm；毛管埋设 5cm 其垂直方向总湿润深度为 30~40cm；毛管埋设 20cm 其垂直方向总湿润深度为 30~50cm。毛管间距为 30cm，其水平湿润半径为 16~18cm；毛管间距为 60cm，其水平湿润半径为 30cm 左右；毛管间距为 90cm，其水平湿润半径为 35~40cm。总之，同一毛管间距下，毛管埋深 10cm 较毛管埋深 5cm 其垂直方向总入渗距离 $S_{总}$ 增加 5cm 左右，毛管埋深 20cm 较毛管埋深 5cm 其垂直方向总入渗距离 $S_{总}$ 增加 10cm 左右。毛管间距为 30cm、60cm 处理其湿润峰均可以达到交汇，毛管间距为 90cm 处理其湿润峰不能交汇。

表 3-8　　　　　　　　不同处理滴灌结束后湿润体各指标数值表

处理编号	垂直方向入渗距离/cm					说 明
	总距离 $S_{总}$	向上 S_1	向下 S_2	地表处 r_1	滴头处 r_2	
D_5L_{30}	23	5	18	19	22	地表少量积水
D_5L_{60}	30	5	25	28	31	地表少量积水
D_5L_{90}	34	5	29	40	42	地表少量积水
$D_{10}L_{30}$	28	10	18	16	22	入渗到地表无积水
$D_{10}L_{60}$	35	10	25	24	30	入渗到地表无积水
$D_{10}L_{90}$	39	10	29	30	38	入渗到地表无积水
$D_{20}L_{30}$	33	16	17	0	21	未入渗到地表
$D_{20}L_{60}$	44	20	23	7	30	入渗到地表无积水
$D_{20}L_{90}$	49	20	30	10	37	入渗到地表无积水

从各处理湿润体情况表可以明显看出毛管埋深 20cm 处理其布设间距较小时，水平入渗距离较大的土层深度维持在较深土层。毛管埋深 5cm 处理布设间距较大时较深土层的分布其水平入渗距离较短。因而毛管布设间距较大时，其埋深距离最好选用埋设深度大于等于 10cm，毛管埋设深度 20cm 时，其埋设间距亦不宜过大，不宜选用间距大于 70cm。毛管间距 60~70cm 其不同埋深下水分湿润均较好。

3.3.2　毛管布设对入渗湿润体水分分布的影响

3.3.2.1　典型处理各深度土层水分分布

选取代表性的毛管埋深 10cm、间距为 60cm 处理分析其各层深度土壤含水率分布特征。其各深度土层水平面水分分布图如图 3-12（其中原点为滴头所处位置）。由图 3-12 可知，各深度土层水分分布规律基本一致，不同深度土层其水分分布范围存在差异。0~5cm 深度土层含水率值随着距滴头距离增加逐渐减小，含水率从 13.5% 降至 6.5%。水分主要集中在 0~25cm 的扇形区域内，此土层平均体积含水率为 11.83%。5~10cm 深度土层含水率由高到低分别从 15.5% 降至 6.5%。水分主要分布在 0~28cm 的扇形区域内。此土层平均体积含水率为 13.32%。10~15cm 深度土层含水率从 18% 降至 4.5%。水分主要分布在 0~30cm 的扇形区域内。此土层平均体积含水率较其他土层略高，为 16.4%。15~20cm 深度土层体积含水率高至 17.0%，低至 6.0%，水分主要分布在距离滴头 0~27cm 的扇形区域内，此土层平均水率相对 10~15cm 略低，其值为 15.45%。20~25cm 深度土层其含水率从 16.5% 降至 5.5%，水分主要分布在 0~

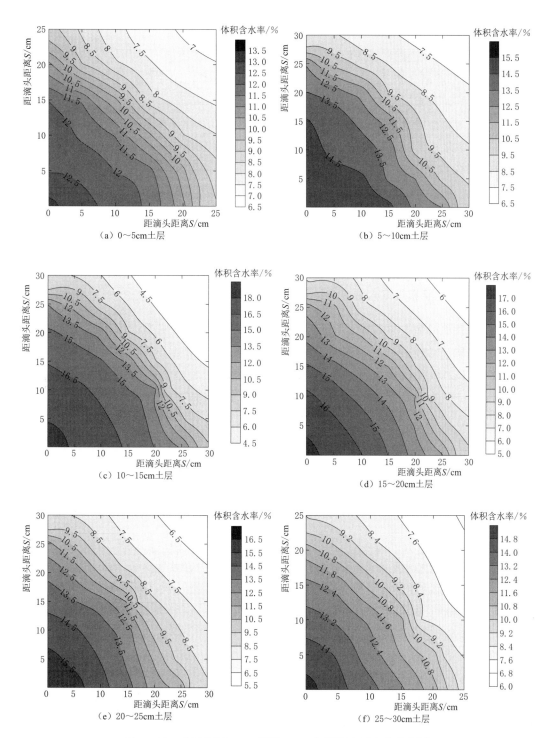

图 3-12　毛管埋深 10cm 间距 60cm 各深度土层水分分布图

25cm 的扇形区域内。此土层平均体积含水率为 14.03％。25～30cm 深度土层其体积含水率高至 14.8％，低至 6.0％，水分主要分布在距离滴头 0～20cm 的扇形区域内，此土层平均含水率为 12.51％。

毛管埋深 10cm、间距为 60cm 处理下的其主要水分分布土层为 0～30cm。10～20cm 深度土层所储存水分相对于 0～10cm、20～30cm 高。距毛管滴头深度较近的土层含水率高于其他各土层。

根据各深度土层水分分布图中各取样点含水率增值进行线性插值，分析计算出各土层所储水量，最终计算各层湿润体的平均含水率值。得到 0～5cm 深度土层灌水结束后其平均体积含水率为 11.83％；0～5cm 深度土层灌水结束后其平均体积含水率为 11.83％；5～10cm 深度土层平均体积含水率为 14.22％；10～15cm 深度土层平均体积含水率为 16.40％；15～20cm 深度土层平均体积含水率为 15.45％；20～25cm 深度土层平均体积含水率为 14.03％；25～30cm 深度土层平均体积含水率为 12.51％。水分增加较大的土层主要在 5～25cm 深度，其余各土层相对于此五层略小。

3.3.2.2　不同毛管布设下入渗湿润体水分分布对比

在不同处理情况下灌水结束后分别测取各深度土层各点含水率，最终测得各土层平均体积含水率，具体详细数据见表 3-9，由表 3-9 中数据分析，毛管埋深 5cm 的 D_5L_{30}、D_5L_{60}、D_5L_{90} 其各土层平均体积含水率差别不大，含水率增加的土层主要分布在 0～30cm 土层。表层 0～10cm 土壤体积含水率较其他土层略高，此种情形应该是由于表层存在积水现象所导致的。毛管埋深 10cm 的 $D_{10}L_{30}$、$D_{10}L_{60}$、$D_{10}L_{90}$ 含水率增加的土层主要分布在 0～30cm，5～15cm 土层其含水率略高于其他深度土层含水率，但差别不大。毛管间距为 60cm 和 90cm 的其入渗深度较间距 30cm 的处理增加 5～10cm，但增加的土层其含水率增加并不明显。毛管埋深 20cm 的 $D_{20}L_{30}$、$D_{20}L_{60}$、$D_{20}L_{90}$ 其含水率增加土层主要分布在 10～30cm 土层，0～10cm 土层含水率数值较 10～30cm 土层较小。

表 3-9　　　　　　　不同处理滴灌结束后各深度土层平均体积含水率

深度/cm	初始体积含水率/%	平均体积含水率/%								
		D_5L_{30}	D_5L_{60}	D_5L_{90}	$D_{10}L_{30}$	$D_{10}H_{60}$	$D_{10}H_{90}$	$D_{20}H_{30}$	$D_{20}H_{60}$	$D_{20}H_{90}$
0～5	3.95	15.54	15.15	15.71	11.51	11.83	13.19	8.19	9.83	8.67
5～10	4.15	15.23	14.74	14.76	15.10	14.22	16.37	10.99	10.59	11.22
10～15	4.25	13.07	14.08	13.18	16.10	16.40	17.02	13.32	13.94	14.91
15～20	4.96	11.74	12.12	12.39	14.58	15.45	15.00	15.10	15.54	15.76
20～25	4.85	9.91	10.25	11.76	12.42	14.03	13.56	15.89	15.77	16.12
25～30	5.45	—	9.69	11.26	7.51	12.51	13.19	14.10	14.05	14.90
30～35	6.26	—	—	8.16	—	6.34	8.54	9.21	11.36	13.10

续表

深度 /cm	初始体积 含水率/%	平均体积含水率/%								
		D_5L_{30}	D_5L_{60}	D_5L_{90}	$D_{10}L_{30}$	$D_{10}H_{60}$	$D_{10}H_{90}$	$D_{20}H_{30}$	$D_{20}H_{60}$	$D_{20}H_{90}$
35~40	7.46	—	—	—	—	—	8.00	—	9.54	11.53
40~45	7.82	—	—	—	—	—	—	—	8.78	10.26
45~50	8.25	—	—	—	—	—	—	—	—	9.84

注:"—"代表水分未入渗到此深度。

由表 3-9 中得，各深度土层初始含水率随着深度的增加而增加，此种情况应该是浅层土壤水分已蒸发，深层土层具有较好的固水能力，最终导致浅层初始含水率较低，深层含水率略高。虽然毛管埋深为 20cm 的处理相对埋深 10cm 的处理其水分入渗深度增加 8~10cm，但是由于试验地 30~60cm 深度土层其所含砾石较多，所增加深度的土层含水率相对于初始含水率增加并不明显，其平均含水率均是 7%~10%。因而，埋深 20cm 与埋深 10cm 相比较，其深层土层水分增加得不明显，反而是 0~15cm 的浅层区域，埋深 10cm 处理的浅层含水率均高于埋深 20cm 的处理。埋深 5cm 处理由于浅层土层初始含水率较小，因而各土层水分增加较明显，但是埋深 5cm 相对埋深 10cm 其各层土层含水率均较低，应该是埋深 5cm 埋设较浅，存在地表积水现象，造成不同程度的水分蒸发现象，导致各层土层含水率较低。

由灌水之前的土壤初始含水率和灌水后测取的土壤含水率分析各处理各层平均体积含水率变化的差异，具体数据见表 3-10。由表 3-10 可以看出埋深 20cm 处理相对于埋深 10cm 处理，其 30~40cm 深度土层水分增加并不明显，但是，此两者 25cm 土层以下水分增加值均大于 5cm 处理。埋深 10cm 相较于埋深 5cm 处理，0~5cm 土层含水率增加值较小，埋深 20cm 相较于埋深 5cm，其 0~10cm 土层水分增加较小。

表 3-10　　　　不同处理滴灌前后各深度土层平均体积含水率变化表

深度 /cm	平均体积含水率/%								
	D_5L_{30}	D_5L_{60}	D_5L_{90}	$D_{10}L_{30}$	$D_{10}H_{60}$	$D_{10}H_{90}$	$D_{20}H_{30}$	$D_{20}H_{60}$	$D_{20}H_{90}$
0~5	11.59	11.20	11.76	7.56	7.88	9.24	4.24	5.88	4.72
5~10	11.08	10.59	10.61	10.95	10.07	12.22	6.84	6.44	7.07
10~15	8.82	9.83	8.93	11.85	12.15	12.77	9.07	9.69	10.66
15~20	6.78	7.16	7.43	9.62	10.49	10.04	10.14	10.58	10.80
20~25	5.06	5.40	6.91	7.57	9.18	8.71	11.04	10.92	11.27
25~30	—	4.24	5.81	2.06	7.06	7.74	8.65	8.60	9.45
30~35	—	—	1.90	—	0.08	2.28	2.95	5.10	6.84
35~40	—	—	—	—	—	0.54	—	2.08	4.07
40~45	—	—	—	—	—	—	—	0.96	2.44
45~50	—	—	—	—	—	—	—	—	1.59

注:"—"代表水分未入渗到此深度。

3.3.3 不同毛管布设下的水分动态变化

选取无降雨的灌水周期内分析不同垂直土层的水分动态变化,此处选取 8 月 4—12 日,8 月 4 日当天灌水,下次灌水为 8 月 13 日。毛管埋深 5cm 处理各垂直土层变化如图 3-13 所示。从图 3-13 中可以看出,毛管埋设 5cm 时,灌水结束后含水率增加的土层主要集中在 0~10cm、10~20cm,20~30cm 土层主要维持在 13% 左右,相对于其上两土层,含水率变化增加较少。30~40cm、40~50cm 两土层水分维持在很低的数值。毛管埋深间距 30cm 相对间距 60cm、90cm 的处理其浅层含水略高。总之,毛管埋深 5cm 时,其 0~20cm 土层含水率随时间的变化较为明显,从 17% 左右降至 9% 左右。30~60cm 土层水分随时间变化较小,仅从 10% 左右降至 7% 左右。水分的消耗主要集中在 0~20cm。

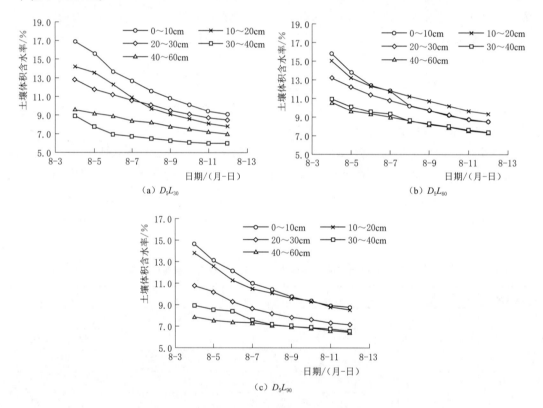

图 3-13   毛管埋深 5cm 处理各垂直土层动态变化图

毛管埋设 10cm 处理各垂直土层动态变化如图 3-14 所示。从图 3-14 中可以看出,其水分随时间变化较为剧烈的土层主要为 0~10cm、10~20cm、20~30cm,灌水结束后,0~10cm、10~20cm 土层水量增加至 17% 左右,其后随时间变化较为剧烈,至下一次灌水前(8 月 12 日)水分降至 10% 左右。20~30cm 土层水分在灌水结束后增加略低于其上两层,水分维持在 13%~14%,其后随时间变化低于其上两土层,降至 9% 左右,30~40cm、40~60cm 灌水结束后水分维持较小,并且此两层随时间变化不明显,水分从9%左右降至6%左右。另外，埋深10cm，间距30cm与间距60cm的处理其各深度土层水分变化差别较小，间距90cm其略低于其他两处理。并且埋深10cm与埋深5cm各土层水分变化差别不大。

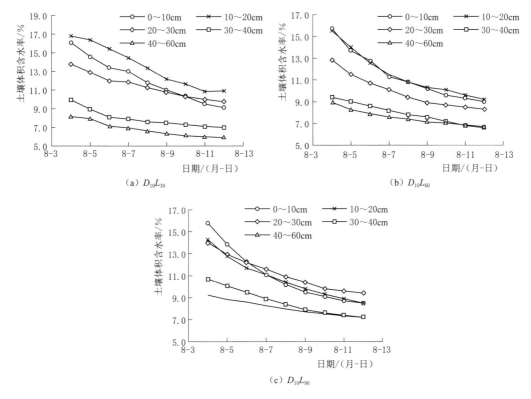

图3-14　毛管埋深10cm处理各垂直土层动态变化图

毛管埋设20cm处理各垂直土层动态变化如图3-15所示。从图3-15中可以看出，埋深20cm水分含量较高的土层为10~20cm、20~30cm土层，30~40cm略低于此两层，0~10cm、40~60cm土层水分含量均较低。埋深20cm间距30cm、60cm两处理其各层水分随时间动态变化差别较小，埋深20cm间距90cm的处理其10~20cm、20~30cm土层水分的相对于其他土层变化幅度更加剧烈。灌输结束后，间距30cm各深度土层含水率与间距60cm、90cm处理差别较小。总之，埋深20cm处理相对于埋深5cm、10cm处理其各层随时间的变化差别较大，水分主要集中在10~30cm土层。

土壤水分的垂直变化主要取决于灌水、降雨、蒸散过程的作用，同时也受到植物吸收水分的影响，描述水分动态变化的程度一般采用定量化的方法，通过采用变异系数和标准差，将土壤水分的垂直变化划分为4个层次，即速变层（变异系数大于30%和标准差大于4）、活跃层（变异系数20%~30%和标准差3~4）、次活跃层（变异系数为10%~20%和标准差为2~3）和相对稳定层（变异系数小于10%和标准差小于2）。实际划分过程中变异系数和标准差不能同时满足时以变异系数为主要划分标准。

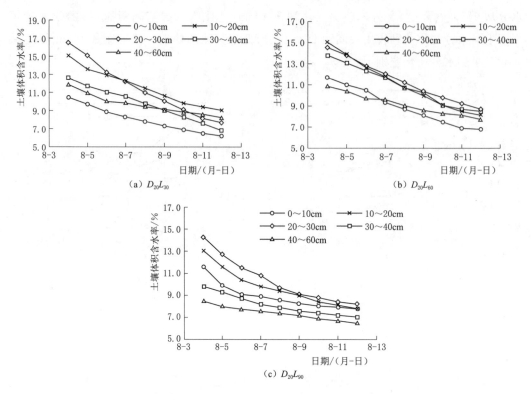

图 3-15 毛管埋深 20cm 处理各垂直土层动态变化图

　　根据测取一个灌水周期内的不同深度土层含水量的动态变化，最终得到不同处理土壤水分垂直变化特征见表 3-11。由表 3-11 可知，D_5L_{30} 处理 0～20cm 土层水分变化较为活跃，为活跃层，20～40cm 土层水分变异系数维持在 15% 左右，为次活跃层，而 40～60cm 水分变化较小，为相对稳定层。D_5L_{60}、D_5L_{90} 变异系数较高的土层均集中在 0～20cm，变异系数较为低的土层为 20～40cm，40～60cm 变异系数最低。此种情况应该是由于灌水结束后，水分主要集中在 0～20cm 土层，40～60cm 土层含水量较低，并且 0～20cm 土层由于蒸发作用和土层根系吸水较多，致使此处的水分消耗比较快，因而，埋深 5cm 处理 0～20cm 变异系数较大。从水分的消耗来看，0～10cm 变异性较大的处理可能由于其蒸发过大，因而埋深 5cm 的处理可能表层的土壤水分受根系的影响较小，埋深过浅致使大量的水分损失。

表 3-11　　　　　　　　　不同处理土壤水分垂直变化特征

处理编号	土层深度/cm	标准差	变异系数/%	活跃等级
D_5L_{30}	0～10	2.75	22.52	活跃层
	10～20	2.39	22.83	活跃层
	20～30	1.47	14.37	次活跃层
	30～40	0.98	14.33	次活跃层
	40～60	0.90	9.99	相对稳定层

处理编号	土层深度/cm	标准差	变异系数/%	活跃等级
D_5L_{60}	0～10	2.51	22.56	活跃层
	10～20	1.83	17.88	次活跃层
	20～30	1.61	15.46	次活跃层
	30～40	1.21	13.61	次活跃层
	40～60	1.07	10.27	次活跃层
D_5L_{90}	0～10	2.03	20.65	活跃层
	10～20	1.76	16.78	次活跃层
	20～30	1.29	15.05	次活跃层
	30～40	0.92	12.32	次活跃层
	40～60	0.42	5.86	相对稳定层
$D_{10}L_{30}$	0～10	2.37	19.63	次活跃层
	10～20	2.32	17.11	次活跃层
	20～30	1.36	11.96	次活跃层
	30～40	0.96	12.09	次活跃层
	40～60	0.83	12.17	次活跃层
$D_{10}L_{60}$	0～10	2.27	19.92	次活跃层
	10～20	2.13	18.54	次活跃层
	20～30	1.55	15.69	次活跃层
	30～40	0.98	12.32	次活跃层
	40～60	0.73	9.67	相对稳定层
$D_{10}L_{90}$	0～10	2.52	22.89	活跃层
	10～20	1.91	17.79	次活跃层
	20～30	1.60	14.30	次活跃层
	30～40	1.24	14.42	次活跃层
	40～60	0.71	8.74	相对稳定层
$D_{20}L_{30}$	0～10	1.38	16.75	次活跃层
	10～20	1.95	18.41	次活跃层
	20～30	2.83	22.59	活跃层
	30～40	1.73	15.16	次活跃层
	40～60	1.11	11.26	次活跃层
$D_{20}L_{60}$	0～10	1.80	18.16	次活跃层
	10～20	2.44	21.99	活跃层
	20～30	2.05	18.02	次活跃层
	30～40	1.95	15.86	次活跃层
	40～60	1.06	11.64	次活跃层

处理编号	土层深度/cm	标准差	变异系数/%	活跃等级
$D_{20}L_{90}$	0～10	1.21	16.66	次活跃层
	10～20	1.73	18.76	次活跃层
	20～30	2.11	18.26	次活跃层
	30～40	0.97	13.89	次活跃层
	40～60	0.64	8.69	相对稳定层

毛管埋深 10cm 处理其各垂直土层的变异系数与埋深 5cm 差别不大，变异性较大的土层主要集中在 0～20cm，但是此两层土层中相对于埋深 5cm 处理变异性略小，$D_{10}L_{30}$、$D_{10}L_{60}$ 两种处理变异系数均低于 20%，此种情况应该是由于埋深 10cm 处理其 0～10cm 深度土层灌水结束后水分含量相对于埋深 5cm 处理低，因而其 0～10cm 水分蒸发相对较小。$D_{10}L_{90}$ 与埋深 5cm 的各处理变异系数基本保持一致。

毛管埋深 20cm 处理各土层变异系数与埋深 5cm、10cm 差别较大，由于其毛管埋深较深，灌水结束后水分增加的土层主要集中在 10～20cm、20～30cm。从表 3-11 中数据可以看出 $D_{20}L_{30}$ 处理变异系数较大的土层为 20～30cm，其次为 30～40cm、10～20cm，此三层土层变异系数较高应该是由于灌水结束后土层含水量增加较多，并且水分消耗较快，0～10cm 土层变异系数维持为 16.75%，此土层灌水结束后水分增加较少，应该是由于蒸发较大，水分消耗过快所导致的。$D_{20}L_{60}$ 处理 0～10cm、10～20cm、20～30cm 等 3 层土层变异系数较大，致使此种情况的原因是灌水结束后水分增加较多，并且 0～10cm 蒸发量较大，而 10～20cm、20～30cm 土层水分根系吸水消耗较多。30～40cm 灌水结束后水分有所增加，但是此土层水分消耗较少，致使其变异系数相对以上土层略低，而 40～60cm 土层水分消耗小，变异系数低。$D_{20}L_{90}$ 处理与 $D_{20}L_{60}$ 各层土层变异系数差别不大。总之，毛管埋深 20cm 处理相对埋深 5cm、10cm 处理差别较大，变异系数较大的土层较深，水分蒸发量较小，水分消耗主要集中在 10～20cm、20～30cm 土层。

3.4　毛管布设对苜蓿生长的影响

3.4.1　毛管布设对苜蓿毛细根分布的影响

3.4.1.1　毛管埋深对垂直方向毛细根分布的影响

第一茬苜蓿生长至初花期时，测取毛管间距为 60cm，埋深分别为 5cm、10cm、20cm 3 种处理下的毛细根量，毛管间距 60cm 不同埋深细根生物量空间分布如图 3-16 所示。由图 3-16 可以看出，毛细根量随着土层深度的增加而减小。毛管埋深为 5cm 的处理其毛细根生物量主要分布在 0～30cm 土层深度，30～60cm 土层毛细根生物量较小，维持在 1.0×10^{-4} g/cm³ 左右；毛管埋深为 10cm 的处理其毛细根生物量主要分布在 0～40cm 土层深度，40～60cm 土层毛细根生物量较小，同样维持在 1.0×10^{-4} g/cm^3 左右；毛管埋深为 20cm 的处理其毛细根生物量主要分布在 0～40cm 土层深度，40～60cm 土层毛细根生物量较小，与埋深 10cm 处理相比，40～60cm 毛细根生物量的变化并不明显。

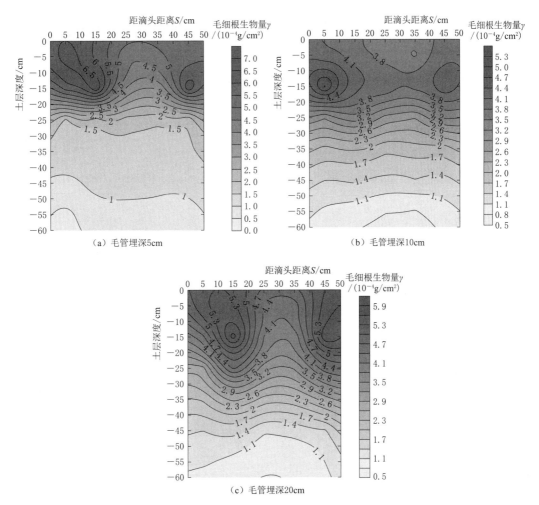

图 3-16 毛管间距 60cm 不同埋深毛细根生物量空间分布图

不同毛管埋深对第一茬苜蓿毛细根根重密度的影响如图 3-17 所示。毛管埋深 10cm、20cm 处理 0～60cm 深度各土层差异性较小，毛管埋深 5cm 处理其 0～20cm 土层毛细根根重密度略高于毛管埋深 10cm、20cm 处理，20～30cm 土层毛细根根重密度急剧变小，其值低于毛管埋深 10cm、20cm 处理，且差异显著。30～60cm 土层中的 3 种处理间差异均不明显。毛管埋深 5cm 处理其 0～30cm 的 3 层土层占所测 0～60cm 深度总毛细根生物量的 76.67%，20～30cm 土层只占 12.44%，其中其余 3 层占 23.33%；毛管埋深 10cm 处理其 0～30cm 的 3 层土层占所测 0～60cm 深度总毛细根生物量的 75.93%，其余三层占 24.07%；毛管埋深 20cm 处理其 0～30cm 的 3 层土层占所测 0～60cm 深度总毛细根生物量的 73.57%，其余三层占 26.43%。

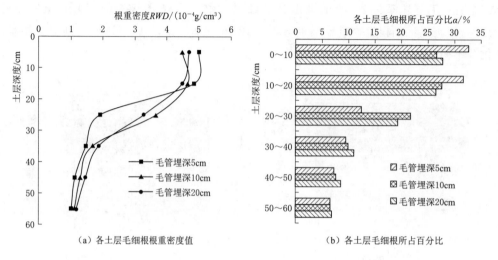

（a）各土层毛细根根重密度值　　　　　　（b）各土层毛细根所占分比

图 3-17　不同毛管埋深对第一茬苜蓿毛细根根重密度的影响

因此，毛管埋深为 10～20cm 时，埋设深度的增加对各深度土层根系的生长影响不大，埋深 10cm、20cm 相较于埋设 5cm 的处理更有助于 20～30cm 深度土层毛细根的生长发育，对 30～60cm 深度土层毛细根生长影响较小。

随着第一茬苜蓿的收割，同一种处理情况下第二茬苜蓿毛细根根重密度有所变化，但变化不大，具体如图 3-18 所示。毛管埋深 10cm、20cm 处理 0～60cm 深度各土层差异性仍然较小，毛管埋深 5cm 处理与毛管埋深 10cm、20cm 处理在 0～20cm 与 30～60cm 深度土层差别均不明显。20～30cm 土层毛管埋深 5cm 处理其细根根重密度低于毛管埋深 10cm、20cm 处理，且差别显著。另外，第二茬各点毛细根根重密度值均略低于第一茬，但各层所占总根系生物量的比例与第一茬差别不大。

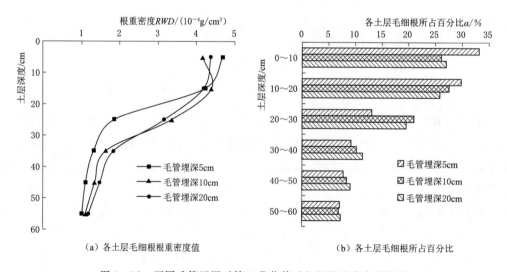

（a）各土层毛细根根重密度值　　　　　　（b）各土层毛细根所占分比

图 3-18　不同毛管埋深对第二茬苜蓿毛细根根重密度的影响

3.4.1.2 毛管间距对水平方向毛细根分布的影响

第一茬苜蓿生长至初花期时，测取毛管埋深为 10cm，毛管间距分别为 30cm、60cm、90cm 等 3 种处理下的毛细根量，各处理毛细根量的空间分布图如图 3-19 所示。由图 3-19 可见，毛管间距为 30cm、60cm 的处理其水平方向 0～50cm 毛细根生物量分布均匀，毛管间距 60cm 处理其水平方向 20～40cm 的毛细根生物量略低于间距 30cm 的处理。毛管间距为 90cm 的处理其毛细根分布随水平距离的增加变化较明显，其主要根系分布在水平距离 0～40cm、40～50cm 毛细根生物量较低。

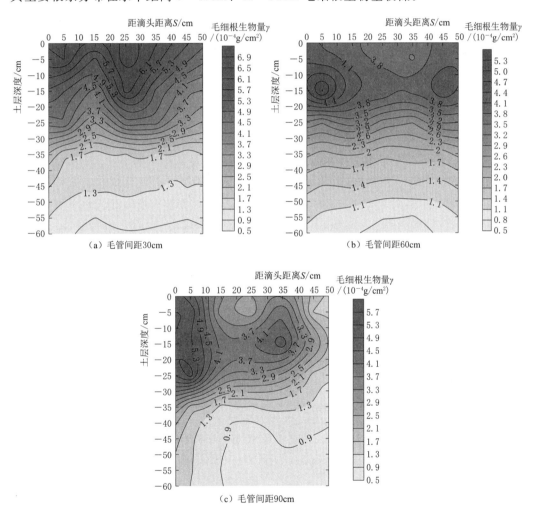

图 3-19　毛管埋深 10cm 不同毛管间距毛细根生物量空间分布图

第一茬苜蓿不同毛管间距对其水平方向毛细根根重密度的影响如图 3-20 所示。毛管间距为 30cm 处理其毛细根根重密度沿水平方向变化较小，水平方向各值差别不显著；毛管间距为 60cm 处理其毛细根根重密度沿水平方向呈先减小后增大趋势，水平方向距毛管 0～10cm、10～20cm、40～50cm 差别不显著，其三者高于 20～30cm、30～

40cm，且差别显著；毛管间距为90cm处理其毛细根根重密度沿水平方向逐渐减小，水平方向距毛管10~20cm、20~30cm、30~40cm三者无明显差别，但其与0~10cm、40~50cm差别均显著。

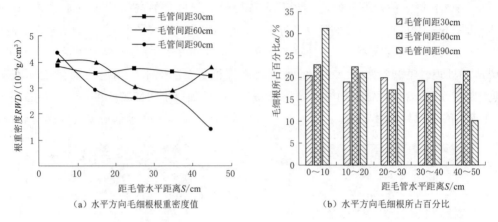

图3-20 第一茬苜蓿不同毛管间距对水平方向毛细根根重密度的影响

第二茬苜蓿不同毛管间距对水平方向毛细根根重密度的影响如图3-21所示。毛管间距为30cm与毛管间距为60cm的处理毛细根密度沿水平方向变化规律与第一茬数据变化规律一致，毛管间距为90cm的处理其变化规律较第一茬有所变化。水平方向距毛管10~20cm、20~30cm、30~40cm三者差别显著，并与0~10cm、40~50cm差别均显著。

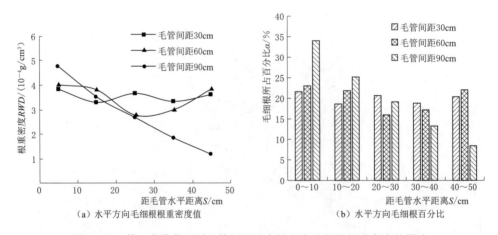

图3-21 第二茬苜蓿不同毛管间距对水平方向毛细根根重密度的影响

3.4.1.3 不同毛管布设对毛细根总量的影响

选取水平方向0~50cm，垂直方向0~60cm面积分析不同处理苜蓿总根重密度差异，第一茬与第二茬苜蓿不同处理情况总根重密度见表3-12。由表3-12可知，不同处理情况下苜蓿总根重密度具有差异性。针对第一茬，毛管间距为30cm、60cm的处理苜蓿总根重密度顺序为：$D_{10}>D_{20}>D_5$，毛管间距为 90cm 的处理苜蓿总根重密度顺序为：$D_{10}>D_5>D_{20}$，毛管埋设深度为 5cm 的处理苜蓿总根重密度顺序为 $L_{60}>L_{30}>L_{90}$，毛管埋设深度为 10cm、20cm 的处理苜蓿总根重密度顺序为 $L_{30}>L_{60}>L_{90}$，但 L_{30} 与 L_{60} 差异小。第二茬苜蓿总根重密度较第一茬有所减小，毛管间距为 30cm 的处理苜蓿总根重密度顺序为：$D_{10}>D_{20}>D_5$，毛管间距为 60cm 的处理苜蓿总根重密度顺序为：$D_{10}>D_5>D_{20}$，毛管间距为 90cm 的处理苜蓿总根重密度顺序为：$D_{10}>D_5>D_{20}$，毛管埋设深度为 5cm 的处理苜蓿总根重密度顺序为 $L_{60}>L_{30}>L_{90}$，毛管埋设深度为 10cm、20cm 的处理苜蓿总根重密度顺序为 $L_{30}>L_{60}>L_{90}$。总之，第一、二茬总根重密度较大的处理分别为 $D_{10}L_{30}$、$D_{20}L_{30}$、$D_{10}L_{60}$。L_{90} 的处理其总根重密度相对较小，此种情况应该是毛管布设间距过大，两毛管之间水分无法交汇，导致苜蓿根系生长受阻。

表 3-12　　　　　　　　　　不同处理情况总根重密度表

处理情况	总根重密度/(10^{-4} g/cm^3)		
	第一茬	第二茬	合计
D_5L_{30}	2.34[c]	2.16[d]	4.50[d]
$D_{10}L_{30}$	3.26[a]	2.84[a]	6.10[a]
$D_{20}L_{30}$	3.11[a]	2.82[a]	5.93[a]
D_5L_{60}	2.94[b]	2.61[b]	5.55[b]
$D_{10}L_{60}$	3.22[a]	2.74[a]	5.96[a]
$D_{20}L_{60}$	3.09[a]	2.56[b]	5.65[b]
D_5L_{90}	2.28[d]	2.11[e]	4.39[d]
$D_{10}L_{90}$	2.50[c]	2.43[c]	4.93[c]
$D_{20}L_{90}$	2.13[d]	2.04[e]	4.17[e]

注：不同的小写字母表示在 $P<0.05$ 水平下差异显著。

3.4.1.4　毛细根垂直分布与土壤含水率关系

1. 毛管间距 30cm

选取一个灌水周期内各垂直土层平均土壤含水率与此土层毛细根根重密度，比较两者之间的关系，用以分析各根系层土壤含水量大小，以此来确定较为优化的毛管布置方式。

毛管间距 30cm 各垂直土层毛细根垂直分布与土壤含水率的关系如图 3-22 所示。由图 3-22 可以看出：毛管埋深 5cm、间距 30cm 的处理［图 3-22（a）］，其 0～10cm、10～20cm 毛细根根重密度约为 5.5×10^{-4} g/cm^3，此两层毛细根量共占据 0～60cm 总土层的 73%。主要毛细根系分布在 0～20cm 土层，20～40cm 土层毛细根含量较少。其垂直土层 0～10cm 含水率较高，约为 12.5%，10～30cm 土层次之，体积含水率为 10％左右，30～60cm 土层含水较少，含水率仅为 7％～8％。因此，毛管埋深 5cm、间距为 30cm 时，其主要根系层的土壤含水率分布较为合理，但是由于其 0～10cm 含水率较高，此土层的变异系数较大，水分蒸发的比较强烈，滴灌结束后水分的利用率较低。

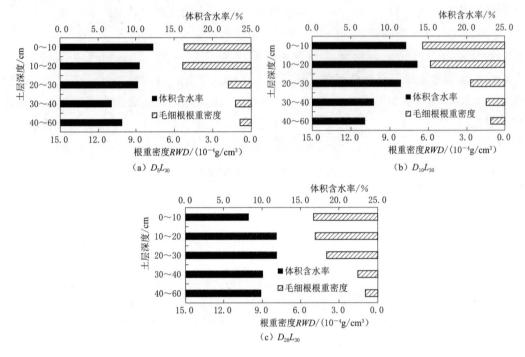

图 3-22　毛管间距 30cm 各垂直土层毛细根垂直分布与土壤含水率的关系

毛管埋深 10cm、间距 30cm 的处理 [图 3-22 (b)]，其主要毛细根根系层依然在 0～20cm 深度土层，此两种土层占据 0～60cm 总土层的 70％，20～30cm 占据 15％左右，30～60cm 所占毛细根较小。此种处理下土壤水分分布含水率较高的值维持在 0～30cm，30～60cm 水分较小，体积含水率仅为 6％～7％。0～30cm 土层中 10～20cm 所含水量较高，维持在 14％左右。0～10cm 次之，为 12％左右，20～30cm 最低，仅为 11％左右。由于其根系分布在 0～20cm，其水分分布在 0～30cm。并且 0～10cm 水分相对于 10～20cm 略小，水分蒸发相对于毛管埋深 5cm 较低。因而，此类处理相对于埋深 5cm 略好。

毛管埋深 20cm、间距 30cm 的处理 [图 3-22 (c)]，其主要毛细根根系层分布在 0～30cm 深度土层，此三层土层毛细根含量占据总土层含量的约 75％，30～60cm 所含毛细根较少，水分分布主要集中在 10～30cm 土层，此两层体积含水率约为 12％。其他各土层含水率为 9％～10％。由于其 30～60cm 所含毛细根系较少，但是此土层水分相对埋深 5cm、10cm 略高。因而，其深层土层的水分利用较低。

总体分析毛管间距为 30cm 的不同埋深对比，毛管埋深 5cm 表层 0～10cm 水分含量高，其他略低，10～20cm 土层毛细吸水根较高，但其土层含水率低。毛管埋深 10cm

处理 0～20cm 土层根系含量高，水分含量高，具有较好的效果，毛管埋深 20cm 其 0～10cm 毛细根含量高，此土层水分较低，30～60cm 毛细根系含量少，但是其体积含水率较高。综上，毛管间距为 30cm 时，毛管埋深 10cm 相对优于埋深 20cm、5cm。

2. 毛管间距 60cm

毛管间距 60cm 各垂直土层毛细根垂直分布与土壤含水率的关系如图 3-23 所示。由图 3-23 可以看出：毛管埋深 5cm、间距 60cm 的处理 [图 3-23（a）]，其 0～10cm、10～20cm 毛细根根重密度约为 $6.0 \times 10^{-4} g/cm^3$，相较于毛管间距为 30cm、埋深 5cm 处理毛细根含量高，此两层毛细根量共占据 0～60cm 总土层的 72%。主要毛细根系分布在 0～20cm 土层。20～60cm 土层毛细根含量均较少。毛管埋深 5cm 其垂直土层 0～30cm 含水量值均较高，为 11% 左右，40～60cm 土层含水较少，含水率值仅为 8%～9%。因此，毛管埋深 5cm、间距为 60cm 时，其主要根系层的土壤含水率分布较为合理，其 0～10cm 含水率低于 10～20cm 土层，水分蒸发相比于 D_5L_{30} 低，滴灌结束后水分的利用率较高。

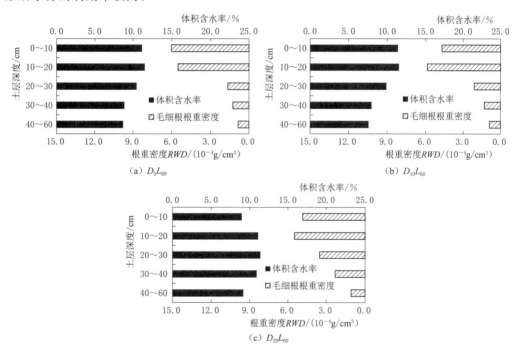

（a）D_5L_{60}　　　　　　（b）$D_{10}L_{60}$

（c）$D_{20}L_{60}$

图 3-23　毛管间距 60cm 各垂直土层毛细根垂直分布与土壤含水率的关系

毛管埋深 10cm、间距 60cm 的处理 [图 3-23（b）]，其主要毛细根根系层依然在 0～20cm 深度土层，此两种土层占据 0～60cm 总土层的 70.0%，20～30cm 占据 14.4% 左右，30～60cm 所占毛细根较小。此种处理下土壤水分分布含水率较高的值维持在 0～30cm，体积含水率维持在 12% 左右，30～60cm 水分较小，体积含水率仅为 6%～7%。0～30cm 土层中 10～20cm 所含水量较高，维持在 12.3% 左右。0～10cm 次之，为 12.0%，20～30cm 最低，仅为 11% 左右。其根系分布在 0～20cm，水分分布

0～30cm。并且0～10cm水分相对于10～20cm略小，水分蒸发相对于毛管埋深5cm较低。10～20cm毛细根含量高，水分含量亦高，水分利用较合理，因而，此类处理相对于埋深D_5L_{60}具有较好的效果。

毛管埋深20cm、间距60cm的处理［图3-23（c）］，其主要毛细根根系层分布在0～40cm深度土层，其中0～30cm土层毛细根含量占据总土层含量的80.1%左右，30～40cm土层占据约13.3%，30～60cm所含毛细根较少，水分分布主要集中在10～40cm土层，此三层体积含水率为11.8%。其他各土层含水量为8%～9%。由于其40～60cm所含毛细根系较少，此土层水分含量较低，10～30cm毛细根含量高，此两土层灌水结束后水分含水率均保持较高。较好地利用了土层中的水分。

总之，经过毛管间距为60cm的不同毛管埋深处理对比可知，毛管埋深20cm、10cm相对优于埋深5cm。

3. 毛管间距90cm

毛管间距90cm各垂直土层毛细根垂直分布与土壤含水率的关系如图3-24所示。由图3-24可以看出：毛管埋深5cm、间距90cm的处理［图3-24（a）］，其0～10cm、10～20cm毛细根密度约为$4.5\times10^{-4}\text{g/cm}^3$，均低于毛管间距为30cm、60cm埋深5cm处理的毛细根含量，此两层毛细根量共占据0～60cm总土层的68%。主要毛细根系分布在0～20cm土层。20～60cm土层毛细根含量均较少。毛管埋深5cm其垂直土层0～20cm含水率均较高，为11%左右，30～60cm土层含水较少，含水率仅为8%～9%。因此，毛管埋设5cm间距为90cm时，其主要根系层的土壤含水率分

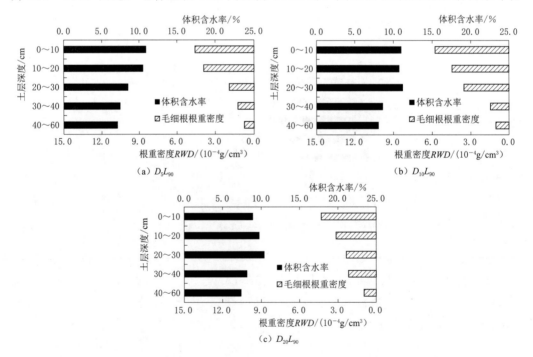

图3-24　毛管间距90cm各垂直土层毛细根垂直分布与土壤含水率的关系

布较为合理，但其各垂直土层毛细根根系量均低于 D_5L_{60}、D_5L_{30}，滴灌结束后水分的利用率较低。

毛管埋深 10cm、间距 90cm 的处理 [图 3-24（b）]，其主要毛细根根系层在 0～30cm 深度土层，此三种土层占据 0～60cm 总土层的 85.1%，30～40cm 占据 8.9% 左右，40～60cm 所占毛细根较小。此种处理下土壤水分分布含水率较高的值维持在 0～30cm，体积含水率维持在 11.5% 左右，30～60cm 水分较少，体积含水率仅为 7%～8%。0～30cm 土层中三层土层所含水率均维持在 11.5% 左右。由于其根系分布在 0～30cm，其水分分布在 0～30cm。0～30cm 毛细根含量高，水分含量亦高，水分利用较合理，因而，此类处理水分分布与根系分布具有较好的效果。

毛管埋深 20cm、间距 90cm 的处理 [图 3-24（c）]，其主要毛细根根系层分布在 0～40cm 深度土层，其中 0～30cm 土层毛细根含量占据总土层含量的约 75.6%，30～40cm 土层占据约 16.8%，30～60cm 所含毛细根较少，水分分布主要集中在 10～40cm 土层，此三层体积含水率为 9%～10%。相较于其他处理水分含量均较低。其他各土层含水率为 8%～9%。从水分含量分析，此种处理水分分布较差。

总之，经过毛管间距为 90cm 的不同埋深对比可知，毛管埋深 5cm、10cm 相对优于埋深 20cm，同时，毛管埋深 10cm 相对优于埋深 5cm。

3.4.2 毛管布设对苜蓿生长指标及产量的影响

3.4.2.1 对苜蓿株高的影响

1. 毛管埋深对苜蓿株高的影响

株高是评判作物生长和发育状况的重要因素，是直接影响紫花苜蓿产量的关键因子。分别比较苜蓿不同生育时期代表性较强的毛管间距为 60cm，毛管埋深为 5cm、10cm、20cm 3 种处理的苜蓿株高，具体分析数据如图 3-25 所示。由图 3-25 可知，第一茬与第二茬苜蓿植株的生长较快时期主要集中在 5 月 20 日—6 月 15 与 7 月 20 日—8 月 15 日。此两段时期分别为苜蓿的分枝期和孕蕾期，开花期后，苜蓿植株高度生长缓慢，其株高维持在 70cm 左右。当毛管间距为 60cm 时，毛管埋深 5cm、10cm、20cm 其第一、第二茬苜蓿株高存在一定的差异性，苜蓿第一茬生育前期，三种处理间株高差异不明显，苜蓿第一茬生育中后期即第二茬整个生育期毛管埋深 10cm 与 20cm 的处理株高差别较小，但两处理株高均高于毛管埋深 5cm 的处理，且均存在显著差别。第一茬收割时埋深 10cm 与 20cm 株高分别为 71.2cm 和 72.5cm，两者相较于埋深 5cm 的 65.8cm 差别显著，苜蓿第二茬其生长规律与第一茬相似，但苜蓿第二茬生长前期较第一茬有所变化，整个第二茬生育期毛管埋深 10cm 处理略高于毛管埋深 20cm 处理，但差别不显著，两者均高于埋深 5cm 处理且差别显著。因而，毛管埋深 10cm、20cm 对苜蓿株高的生长影响不大，埋深 5cm 处理不易于苜蓿植株的生长。

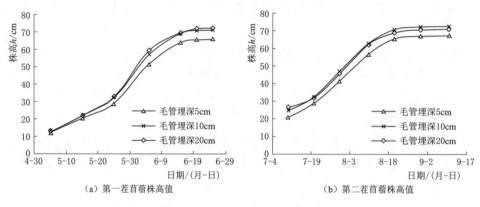

图 3-25 不同毛管埋深对第一、第二茬苜蓿株高的影响

2. 毛管间距对苜蓿株高的影响

同一种毛管埋深下，不同毛管间距对苜蓿株高生长的变化存在一定的影响。分别比较具有较好代表性的毛管埋深为 10cm，毛管间距为 30cm、60cm、90cm 3 种处理分析毛管间距对苜蓿株高的影响，具体数据分析图如图 3-26 所示。当毛管埋深为 10cm 时，毛管间距为 30cm、60cm 的处理其整个第一茬生育期内株高差异性较小，两者均高于间距 90cm 处理，且差异性显著，第一茬收割时期，毛管间距为 30cm、60cm 处理其株高为 72.2cm、71.1cm，然而，间距为 90cm 处理株高仅为 63.5cm。第二茬整个生育期内毛管间距 60cm 处理略高于毛管 30cm 处理，但两者差异性不明显，生长前期，两处理与间距 90cm 处理差别不明显，生育后期，两者均高于间距 90cm 处理且差异显著。第二茬收割时期，毛管间距为 30cm、60cm、90cm 处理其株高为 69.6cm、71.4cm、63.1cm。因而，毛管间距为 30cm、60cm 对株高的影响差异不大，而间距为 90cm 相对过大，不宜于苜蓿植株的生长。

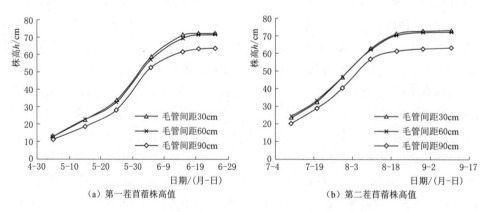

图 3-26 不同毛管间距对第一、第二茬苜蓿株高的影响

3. 毛管布设对苜蓿株高的影响

通过比较不同毛管布设之间苜蓿株高差异性，分析比较好的毛管布设方式，不同毛

管布设苜蓿株高见表 3 - 13，由表 3 - 13 可以看出第一茬分枝期株高较高的处理为 $D_{10}L_{30}$、$D_{10}L_{60}$、$D_{20}L_{60}$。第一茬孕蕾期株高较高的处理为 $D_{20}L_{60}$、$D_{10}L_{30}$。第一茬初花期株高较高的处理为 $D_{10}L_{30}$，$D_{20}L_{60}$、$D_{10}L_{60}$ 次之。第一茬盛花期株高较高的处理为 $D_{20}L_{60}$、$D_{10}L_{30}$。第二茬分枝期株高较高的处理为 $D_{20}L_{60}$。第二茬孕蕾期株高较高的处理为 $D_{10}L_{30}$、$D_{10}L_{60}$。第二茬初花株高较高的处理为 $D_{10}L_{30}$、$D_{10}L_{60}$。第二茬盛花期株高较高的处理为 $D_{10}L_{60}$，$D_{10}L_{30}$、$D_{20}L_{60}$ 次之。测定苜蓿生长的好坏一般用最终收割前（盛花期末）的数据更具有说服性，由苜蓿株高生长数据可以看出，毛管埋设 10cm 间距为 30cm 与 60cm 其长势较好，株高值最高，毛管埋深 20cm 间距为 60cm 的处理苜蓿长势仅次于以上两处理。

表 3 - 13　　　　　　　　　不同毛管布设苜蓿株高　　　　　　　单位：cm

处理情况	第 一 茬				第 二 茬			
	分枝期	孕蕾期	初花期	盛花期	分枝期	孕蕾期	初花期	盛花期
D_5L_{30}	20.3[c]	52.8[e]	64.6[d]	67.6[d]	22.5[d]	50.5[c]	64.8[c]	66.3[d]
$D_{10}L_{30}$	22.9[a]	58.6[b]	71.1[a]	72.2[a]	23.4[b]	54.5[a]	68.2[a]	70.9[b]
$D_{20}L_{30}$	21.1[b]	57.5[c]	67.6[c]	69.9[c]	24.7[b]	53.6[b]	66.0[b]	69.6[c]
D_5L_{60}	20.3[c]	51.5[f]	63.9[d]	65.8[e]	20.7[e]	48.8[d]	63.2[d]	66.9[d]
$D_{10}L_{60}$	22.4[a]	57.0[c]	69.3[b]	71.2[b]	24.6[a]	54.5[a]	68.2[a]	72.0[a]
$D_{20}L_{60}$	22.1[a]	59.6[a]	69.5[b]	72.5[a]	26.6[a]	53.7[b]	66.4[b]	70.6[b]
D_5L_{90}	19.1[d]	51.2[f]	63.2[d]	64.2[f]	21.1[e]	44.7[e]	56.7[g]	62.9[e]
$D_{10}L_{90}$	18.5[e]	52.4[e]	61.6[e]	63.5[g]	20.1[f]	48.5[d]	61.2[e]	63.1[e]
$D_{20}L_{90}$	17.6[f]	53.6[d]	62.4[f]	65.1[e]	24.1[b]	48.5[d]	59.6[f]	61.4[f]

注：不同的小写字母表示在 $P<0.05$ 水平下差异显著。

3.4.2.2　对苜蓿茎粗的影响

1. 毛管埋深对苜蓿茎粗的影响

茎是苜蓿输送养分、水分的主要渠道，是影响苜蓿产量的主要构成因素。分别比较不同生育时期毛管间距为 60cm，毛管埋深为 5cm、10cm、20cm 的苜蓿茎粗，分析不同毛管埋深对苜蓿茎粗的影响，分析结果如图 3 - 27 所示。由图 3 - 27 可知，第一茬苜蓿生育前期，毛管埋深 10cm、20cm 差别较小，而毛管埋深 5cm 处理略高于两者，生育后期，毛管埋深 10cm 处理略高于毛管埋深 20cm 处理，差别不显著，两者均高于毛管埋深 5cm 处理且差别显著；苜蓿第二茬不同毛管埋深处理茎粗生长规律较为明显，生育前期，三者差异性较小，毛管埋深 10cm、20cm 处理略高于毛管埋深 5cm 处理，差别不显著，生育后期，毛管埋深 10cm、20cm 处理两者差异性较小，但两者与毛管埋深 5cm 处理差别显著。第一茬与第二茬茎粗生长规律存在差异，此种情况应该是由于第一茬苜蓿根系较浅，主要吸收浅层水分，因而埋深 5cm 茎粗生长较快，随后随根系生长，毛管埋深 10cm、20cm 更能促进根系吸收水分，促进植株生长。因而，毛管埋深 10cm、20cm 对苜蓿植株茎的生长影响不大，毛管埋深 10cm 相对优于埋深 20cm，毛管埋深 5cm 处理不易于苜蓿植株茎的生长。

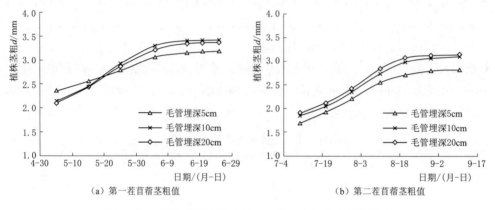

图 3-27 不同毛管埋深对第一、第二茬苜蓿茎粗的影响

2. 毛管间距对苜蓿茎粗的影响

同一种毛管埋深下，不同毛管间距对苜蓿植株茎粗的影响如图 3-28 所示。图 3-28 中分析了毛管埋深 10cm，毛管间距为 30cm、60cm、90cm 3 种处理随着苜蓿生长日期其茎粗的变化规律。由图 3-28 可知，第一茬整个生育期内，毛管间距为 30cm 处理均高于间距 60cm、90cm 处理，第一茬生育前期，三处理差异不明显，第一茬生育末期，毛管间距 30cm 与 60cm 处理差异性较小，差异不显著，而两者均高于间距 90cm 处理，且差异显著。第二茬整个生育期内，生育前期，三者差别不明显，生育末期，毛管间距 30cm 略高于 60cm 处理，但差异不显著，两者均高于间距 90cm 处理，且差异显著。因而毛管埋深 30cm、60cm 相较于毛管埋深 90cm 更能促进植株茎粗的生长。

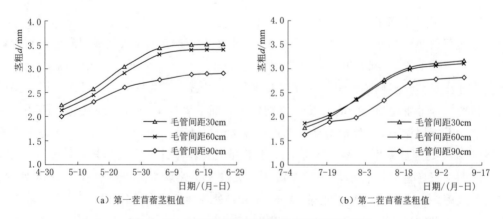

图 3-28 不同毛管间距对苜蓿植株茎粗的影响

3. 毛管布设对苜蓿茎粗的影响

通过比较不同毛管布设之间苜蓿茎粗差异性，分析比较好的毛管布设方式，不同毛管布设苜蓿茎粗表见表 3-14，由表 3-14 可以看出第一茬分枝期苜蓿茎粗较大的处理为 $D_{10}L_{30}$，$D_{20}L_{30}$、D_5L_{60} 次之。第一茬孕蕾期苜蓿茎粗较大的处理为 $D_{20}L_{30}$，$D_{10}L_{60}$、$D_{20}L_{60}$ 次之。第一茬初花期植株茎粗较大的处理为 $D_{20}L_{30}$，$D_{10}L_{60}$、$D_{20}L_{60}$ 次之。第一茬盛花期植株茎粗较大的处理为 $D_{20}L_{30}$，$D_{10}L_{60}$、$D_{10}L_{60}$ 次之。第二茬分枝期植株茎粗较大的处理为 $D_{20}L_{60}$、$D_{10}L_{30}$。第二茬孕蕾期植株茎粗较大的处理为 $D_{10}L_{30}$。第二茬初花期植株茎粗较大的处理为 $D_{20}L_{30}$、$D_{10}L_{60}$、$D_{20}L_{60}$，三者差别不显著。第二茬盛花期植株茎粗较大的处理为 $D_{20}L_{30}$、$D_{10}L_{60}$、$D_{20}L_{60}$，三者差别不显著。由苜蓿茎粗数据可以看出，毛管埋设 20cm 间距为 30 与 60cm 和毛管埋深 10cm 间距为 60cm 植株茎粗值较高，茎粗越大，苜蓿抗逆性越强，因而，$D_{20}L_{30}$、$D_{10}L_{60}$、$D_{20}L_{60}$ 的处理苜蓿较好于其他处理。

表 3-14　　　　　　　　不同毛管布设苜蓿茎粗表　　　　　　　　单位：mm

处理情况	第　一　茬				第　二　茬			
	分枝期	孕蕾期	初花期	盛花期	分枝期	孕蕾期	初花期	盛花期
D_5L_{30}	2.31^d	2.74^c	3.20^d	3.26^c	1.80^b	2.19^c	2.67^c	2.78^c
$D_{10}L_{30}$	2.68^a	2.71^c	3.33^c	3.40^b	1.88^a	2.78^a	2.92^b	3.03^b
$D_{20}L_{30}$	2.59^b	3.10^a	3.51^a	3.53^a	1.77^b	2.37^b	3.03^a	3.17^a
D_5L_{60}	2.56^b	2.77^c	3.15^d	3.19^c	1.69^c	2.20^c	2.71^c	2.82^c
$D_{10}L_{60}$	2.46^c	2.98^b	3.42^b	3.43^b	1.86^a	2.34^b	2.99^a	3.11^a
$D_{20}L_{60}$	2.45^c	2.91^b	3.36^b	3.38^b	1.90^a	2.41^b	3.08^a	3.14^a
D_5L_{90}	2.32^d	2.48^c	2.92^f	3.01^e	1.72^c	2.21^c	2.43^e	2.51^d
$D_{10}L_{90}$	2.31^d	2.50^c	2.90^f	2.92^e	1.62^e	2.38^b	2.70^c	2.82^c
$D_{20}L_{90}$	2.50^c	2.46^c	3.00^e	3.25^c	1.78^b	2.19^c	2.60^d	2.48^d

注：不同的小写字母表示在 $P<0.05$ 水平下差异显著。

3.4.2.3　对苜蓿产量的影响

1. 毛管埋深对苜蓿产量的影响

分别比较苜蓿不同生育时期代表性较强的毛管间距为 60cm，毛管埋深为 5cm、10cm、20cm 3 种处理的苜蓿鲜重产量和干重产量，具体分析数据如图 3-29 和图 3-30 所示。第一茬分枝期、孕蕾期毛管埋深 5cm、10cm 处理差别较小，均高于埋深 20cm 处理，盛花期及收割时所测鲜重毛管埋深 10cm、20cm 差别较小，两者均高于毛管埋深 5cm 处理。第二茬苜蓿分枝期、孕蕾期毛管埋深 5cm 略低于毛管埋深 10cm、20cm 处理，分枝期埋深 10cm 处理稍高于埋深 20cm。盛花期及收割时，苜蓿鲜重埋深 10cm、20cm 略高于埋深 5cm，总之，第二茬各埋深处理苜蓿鲜重差异不显著。苜蓿干草产量随毛管埋深的变化与苜蓿鲜草产量规律基本一致。

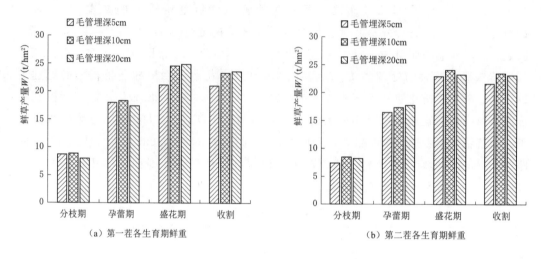

图 3-29   不同毛管埋深对第一、第二茬苜蓿鲜草产量的影响

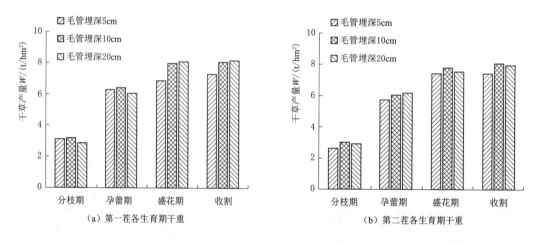

图 3-30   不同毛管埋深对第一、第二茬苜蓿干草产量的影响

2. 毛管间距对苜蓿产量的影响

同一种毛管埋深下，不同毛管间距对苜蓿鲜草产量和干草产量的影响如图 3-31 和图 3-32 所示。图中分析了毛管埋深 10cm，毛管间距为 30cm、60cm、90cm 等 3 种处理之间的鲜草产量和干草产量。第一茬、第二茬毛管间距 30cm、60cm 苜蓿鲜重产量差别较小，维持在 30t/hm² 左右，两处理鲜重产量均高于毛管间距 90cm 处理，且差别显著。不同毛管间距下干草产量的变化与鲜草变化规律一致。

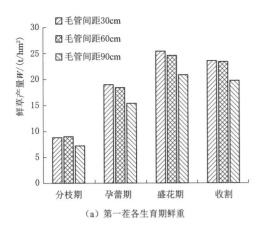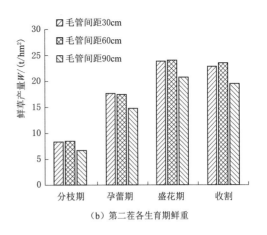

（a）第一茬各生育期鲜重　　　　　　　（b）第二茬各生育期鲜重

图 3-31　不同毛管间距对第一、第二茬苜蓿鲜草产量的影响

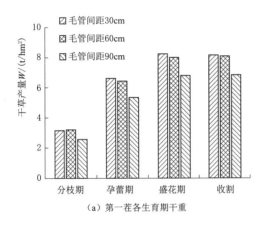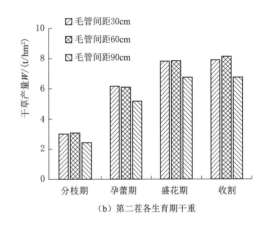

（a）第一茬各生育期干重　　　　　　　（b）第二茬各生育期干重

图 3-32　不同毛管间距对第一、第二茬苜蓿干草产量的影响

3. 毛管布设对苜蓿产量的影响

通过比较不同毛管布设之间苜蓿鲜草产量的差异性，分析比较好的毛管布设方式，不同毛管布设苜蓿鲜草产量见表 3-15，由表 3-15 可以看出第一茬分枝期植株鲜草产量较高的处理为 $D_{10}L_{60}$，$D_{20}L_{30}$ 次之。第一茬孕蕾期鲜草产量较高的处理为 $D_{10}L_{30}$、$D_{10}L_{60}$。第一茬盛花期鲜草产量较高的处理为 $D_{20}L_{30}$，$D_{10}L_{60}$ 次之。第一茬收割时鲜草产量较高的处理 $D_{20}L_{30}$、$D_{10}L_{60}$。第二茬分枝期鲜草产量较高的处理为 $D_{10}L_{60}$。第二茬孕蕾期鲜草产量较高的处理为 $D_{20}L_{60}$、$D_{10}L_{30}$、$D_{10}L_{60}$ 次之。第二茬盛花期鲜草产量较高的处理为 $D_{10}L_{60}$、$D_{20}L_{30}$、$D_{20}L_{60}$。第二茬收割时鲜草产量较高的处理为 $D_{10}L_{60}$、$D_{20}L_{30}$、$D_{20}L_{60}$ 次之。测定苜蓿生长的好坏一般用最终收割前（盛花期末）的数据更具有说服性，综合两茬苜蓿鲜产总产量可以看出，毛管埋深 10cm、间距为 30cm 与 60cm 其长势较好，毛管埋深 20cm、间距为 30cm 的苜蓿长势亦较好。

表 3 - 15　　　　　　　　　　　　　不同毛管布设苜蓿鲜草产量表　　　　　　　　　单位：t/hm²

处理情况	第 一 茬				第 二 茬				总产量
	分枝期	孕蕾期	盛花期	收割	分枝期	孕蕾期	盛花期	收割	
D_5L_{30}	7.26	16.36	21.60	20.80[b]	6.96	16.85	21.90	21.10[c]	41.90[c]
$D_{10}L_{30}$	8.34	18.95	24.10	22.70[a]	7.38	17.50	22.90	21.70[c]	44.40[b]
$D_{20}L_{30}$	8.76	17.90	25.30	23.50[a]	8.22	16.93	23.80	22.70[b]	46.20[a]
D_5L_{60}	8.70	18.06	21.20	21.10[b]	7.32	16.44	22.80	21.50[c]	42.60[c]
$D_{10}L_{60}$	8.88	18.39	24.60	23.30[a]	8.46	17.33	23.90	23.40[a]	46.70[a]
$D_{20}L_{60}$	7.98	17.42	23.90	22.60[a]	8.16	17.74	23.20	22.60[b]	45.20[b]
D_5L_{90}	6.36	15.23	17.50	16.80[d]	5.46	14.66	18.40	17.80[e]	34.60[e]
$D_{10}L_{90}$	7.14	15.31	20.80	19.70[c]	6.66	14.66	20.60	19.40[d]	39.10[d]
$D_{20}L_{90}$	6.48	15.63	20.40	19.10[c]	6.06	15.07	19.90	19.20[d]	38.30[d]

注：不同的小写字母表示在 $P<0.05$ 水平下差异显著。

通过比较不同毛管布设之间苜蓿干草产量差异性，分析比较好的毛管布设方式，不同毛管布设苜蓿干草产量见表 3-16，由表 3-16 可以看出第一茬分枝期干草产量较高的处理为 $D_{10}L_{60}$、$D_{10}L_{30}$、D_5L_{60}。第一茬孕蕾期干草产量较高的处理为 $D_{10}L_{30}$、$D_{10}L_{60}$。第一茬盛花期干草产量较高的处理为 $D_{10}L_{60}$、$D_{20}L_{60}$。第一茬收割时干草产量较高的处理 $D_{10}L_{60}$、$D_{20}L_{30}$。第二茬分枝期干草产量较高的处理为 $D_{10}L_{60}$。第二茬孕蕾期干草产量较高的处理为 $D_{20}L_{60}$、$D_{10}L_{30}$。第二茬盛花期干草产量较高的处理为 $D_{20}L_{30}$、$D_{10}L_{60}$、$D_{20}L_{60}$。第二茬收割时干草产量较高的处理为 $D_{10}L_{60}$、$D_{20}L_{60}$。由苜蓿干草产量数据可以看出，毛管埋设 10cm、20cm 间距 60cm 和毛管埋深 20cm 间距为 30cm 的处理其长势较好，两茬干草总产量最高。

表 3 - 16　　　　　　　　　　　　　不同毛管布设苜蓿干草产量表　　　　　　　　　单位：t/hm²

处理情况	第 一 茬				第 二 茬				总产量
	分枝期	孕蕾期	盛花期	收割	分枝期	孕蕾期	盛花期	收割	
D_5L_{30}	2.60	5.31	7.02	7.18[b]	2.49	5.47	7.12	7.28[b]	14.46[b]
$D_{10}L_{30}$	3.14	6.15	7.62	7.66[a]	2.95	5.68	7.45	7.41[b]	15.07[b]
$D_{20}L_{30}$	2.99	5.81	7.96	8.01[a]	2.64	5.49	7.77	7.83[a]	15.84[a]
D_5L_{60}	3.12	5.86	6.89	7.28[b]	2.62	5.33	7.31	7.32[b]	14.60[b]
$D_{10}L_{60}$	3.18	5.97	8.09	8.14[a]	3.03	5.62	7.77	8.07[a]	16.21[a]
$D_{20}L_{60}$	2.86	5.65	7.81	7.74[a]	2.92	5.76	7.54	7.87[a]	15.61[a]
D_5L_{90}	2.28	4.94	5.69	5.80[c]	1.96	4.76	5.98	6.56[c]	12.36[e]
$D_{10}L_{90}$	2.56	4.97	6.76	6.80[b]	2.39	4.76	6.70	6.69[c]	13.49[d]
$D_{20}L_{90}$	2.32	5.07	6.63	6.59[b]	2.17	4.89	6.47	6.62[c]	13.21[d]

注：不同的小写字母表示在 $P<0.05$ 水平下差异显著。

3.4.3 毛管埋深与间距的确定

由于研究的目的是确定优化的毛管布设方案，对于较好的毛管布置应该考虑高产、节水和高效等因素。此处主要将苜蓿产量和灌溉水利用效率作为主要的参考因素，苜蓿根系以及根系层水分变化作为次要参考因素判断适宜的毛管布设方案。由于试验各处理灌水数据一致，因此，苜蓿干产量作为判断毛管布设的主要因素。从不同毛管布设下苜蓿干产量数据可以看出，$D_{10}L_{60}$、$D_{20}L_{30}$、$D_{20}L_{60}$ 等 3 种处理下苜蓿干产量最高。其中 $D_{10}L_{60} > D_{20}L_{30} > D_{20}L_{60}$，但三者之间差异不显著。另外，从苜蓿株高、茎粗数据分析 $D_{20}L_{30}$、$D_{10}L_{60}$、$D_{20}L_{60}$ 的处理均优于其他处理。并且第一、第二茬总根重密度较大的处理分别为 $D_{10}L_{30}$、$D_{20}L_{30}$、$D_{10}L_{60}$。

从灌水后水分分布分析可知，毛管埋深 5cm 时，灌水结束后浅土层水分含量较高，由于蒸发比较强烈，浅层土层水分变异性大，此种因素考虑，埋深 20cm 优于埋深 10cm，埋深 10cm 优于埋深 5cm。但是埋深 20cm 间距较大时，分配到每个滴头上的水量较大，导致水分入渗到深层的较多，但是深层土层细根含量较低，导致了水分的浪费。因而，仅从产量、根系与水分分布上分析，毛管布设宜采用 $D_{10}L_{60}$、$D_{20}L_{30}$、$D_{20}L_{60}$ 等 3 种处理。为了更全面地确定合理的毛管布设，此处根据干草产量，并考虑毛管材料、水费等成本因素，通过调查 2016 年度的市场价格，从经济效益的角度分析各毛管布设方案。不同处理苜蓿经济效益见表 3－17。

表 3－17   不同处理苜蓿经济效益表

处理编号	成本/(元/hm²)								产值/(元/hm²)	效益/(元/hm²)
	种子	化肥	机械	人工	水费	电费	材料	小计		
D_5L_{30}	315	240	1790	1050	761	315	3570	8041	20244	12203
$D_{10}L_{30}$	315	240	1790	1050	761	315	3570	8041	21098	13057
$D_{20}L_{30}$	315	240	1790	1050	761	315	3570	8041	22176	14135
D_5L_{60}	315	240	1460	680	761	315	2780	6551	20440	13889
$D_{10}L_{60}$	315	240	1460	680	761	315	2780	6551	22694	16143
$D_{20}L_{60}$	315	240	1460	680	761	315	2780	6551	21854	15303
D_5L_{90}	315	240	1130	400	761	315	1990	5151	17304	12153
$D_{10}L_{90}$	315	240	1130	400	761	315	1990	5151	18886	13735
$D_{20}L_{90}$	315	240	1130	400	761	315	1990	5151	18494	13343

注：2016 阿勒泰地区苜蓿种子价格取 35 元/kg；化肥（尿素）价格取 1600 元/t；机械成本为 50 元/工时；人工成本 15 元/工时（人工费具体指实际种植、收割等过程参与劳力产生的费用）；农业用水价格 0.145 元/m³；农业用电价格取 0.6 元/(kW·h)；毛管价格取 0.36 元/m，且可以回收换新，因此按五年折算，即每年 0.072 元/m；干草市场价格取 1400 元/t。

由表 3－17 中数据分析可知，不同毛管布设方式下苜蓿经济效益差别较大。各试验处理产值均由苜蓿干产量所决定，成本之间的差异性主要体现在机械、人工与材料费用上，毛管间距为 90cm 相对 60cm、30cm 其成本略低，另外表中未考虑不同毛管埋深下操作难度，实际机器布设毛管时，由于土层中砂砾石含量较高等原因，毛管埋深 20cm 操作难度较高，机器作业较为困难，毛管埋深 5cm、10cm 时相对简便，从产量对比来看，毛管埋深 10cm 时经济效益与毛管埋深 20cm 时经济效益差别并不大，相对于普通的地下滴灌，浅埋式滴灌更具有较好的促进苜蓿增产的作用并且具有实际的推广意义。$D_{10}L_{60}$、$D_{20}L_{30}$ 虽然产值差别较小，但是由于毛管埋设间距 30cm 时投入成本较高，最终反映到经济效益上时，宜选用毛管埋深 10cm、间距为 60cm 左右的毛管布设方式，另外，虽然毛管埋设间距为 90cm 的处理，其投入成本相对较低，但是由于其产量相对于其他间距处理较低，最终反映到经济效益上，其每公顷经济效益相对于毛管间距 60cm 减少约 2000～2500 元，因而，毛管布设不宜选用较大的布置间距，毛管布设间距最好小于 90cm。

总之，针对新疆大面积的由荒漠化土地开垦成耕地的地区，由于其土壤中砾石含量较多，苜蓿种植时浅埋式滴灌相对优于常规的地下滴灌，毛管布设时埋深宜为 10cm 左右，布设间距宜为 60cm 左右，布设间距尽量小于 90cm。

3.5　结论与展望

本章以紫花苜蓿为主要研究作物，利用 2016 年 4—10 月于新疆阿勒泰青河县阿苇灌区试验站开展苜蓿浅埋式滴灌田间试验实测的苜蓿土壤水分资料、生长指标和产量以及毛细根数据，分析了 5cm、10cm、20cm 3 种毛管埋深和 30cm、60cm、90cm 3 种毛管间距共 9 种处理中不同毛管埋深以及不同毛管间距入渗湿润形状，灌水结束后各垂直土层水分分布，以及水分的动态变化，研究了不同毛管埋深以及不同毛管间距下毛细根的分布差异性，通过分析毛细根与土壤含水率的关系，结合不同毛管布设下苜蓿生长指标与产量，确定了较为优化的毛管埋深与间距。

3.5.1　主要结论

（1）通过浅埋式滴灌土壤水分分布规律室内试验研究，得到如下结论。

1）不同滴头埋深的情况下均存在着土体破坏的临界流量，滴头埋深越大临界流量也越大，实际运行时滴头流量应小于临界流量。

2）随着滴头流量的增大，滴头埋深过浅时，水量主要向湿润体上部聚集，当埋深超过一定深度时，水量开始向湿润体下部聚集。由此，建议滴头埋深 10cm 左右。

3）在临界流量情况下，入渗过程中，湿润锋运移速率初期较快，60min 后开始减慢，随着滴头埋深的增大，灌水结束后的湿润体湿润长度越长，土壤含水率越小。其中，滴头埋深 10cm，流量 1.7L/h 时湿润体湿润深度适中，土壤含水率分布最为均匀。

（2）通过浅埋式滴灌毛管布设对土壤水分与苜蓿生长影响的大田试验研究，得到如下结论：

1）不同毛管埋深、不同毛管间距处理下入渗湿润体形状均为椭圆形，随着毛管埋

深的增加，表层湿润半径逐渐减小，毛管埋深 10cm 处理其浅层水分分布低于埋深 5cm，蒸发量相对较小，其深层水分分布和毛管埋深 20cm 处理差别小。另外，毛管间距不宜过大，不宜选用间距大于 90cm。

2）从水分的消耗变化来看，毛管埋深 20cm 优于毛管埋深 10cm、5cm，毛管埋深 10cm 同样优于埋深 5cm。毛管埋深 5cm 时，水分的消耗主要集中在 0～20cm 深度土层。毛管埋深 10cm，与毛管埋深 5cm 各深度土层水分变化差别不大。毛管埋深 20cm 处理相对于毛管埋深 5cm、10cm 处理其各深度土层变异系数差别较大且变异系数较大的土层深度均较深，水分蒸发量较小，水分消耗主要集中在 10～20cm、20～30cm 深度土层。

3）不同毛管埋深毛细根分布主要集中在 0～30cm 土层，30cm 以下土层毛细根分布较少。毛管埋深为 10～20cm 时，毛管埋深的增加对各深度土层根系的生长影响不大。毛管间距为 90cm 的处理相对其他处理其总根重密度较小。

4）从毛细根分布与一个灌水周期内土壤含水率对应关系分析，毛管埋深 10cm 相对优于埋深 20cm、5cm 处理。毛管埋深 5cm 时，表层水分含量较大，水分蒸发较严重；毛管埋深 20cm 时，毛细根含量较少的深层土层其水分含量较高，水分吸收受一定阻碍。

5）毛管埋深 20cm、间距 30cm，毛管埋深 10cm、间距 60cm，毛管埋深 20cm、间距 60cm 等 3 种处理之间差别较小，并且其苜蓿生长指标及产量均相对优于其他处理。从综合经济效益分析，毛管布设时宜采用埋深为 10cm 左右，间距宜采用 60cm 左右，毛管间距应尽量小于 90cm。

3.5.2 创新点

（1）相对于以往的地下滴灌研究，本章通过田间试验阐明了浅埋式滴灌不同毛管布设下水分入渗湿润体形状以及各土层水分的具体分布，对比了水分动态变化特征。

（2）通过观测浅埋式滴灌不同毛管布设下苜蓿毛细根分布以及株高、茎粗、产量等指标，研究了毛管布设方式（间距、埋深）对苜蓿根系分布、生长指标及产量的影响。并且对比了不同毛管布设下各深度土层土壤含水率与毛细根垂直分布的关系，初步提出苜蓿浅埋式滴灌的优化毛管布设方案。

3.5.3 研究展望

本章利用田间试验测取得到的实测数据，分析和研究了毛管布设方式（间距、埋深）对苜蓿根系分布、生长指标及产量的影响。并通过分析毛细根与土壤含水率的关系，结合不同毛管布设下苜蓿生长指标与产量，确定了较为优化的毛管埋深与间。在研究过程中还存在诸多不足之处。

（1）苜蓿为多年生草本植物，一般其生长年份为 4～5 年，由于条件的限制，只针对了生长第四年的苜蓿进行了观测研究，应该针对每个生长年份进行开展研究，全面地分析苜蓿从第一年至第五年根系生长，以及植株生长指标的变化规律，从大的时间尺度上开展研究。

（2）本章只研究了 5cm、10cm、20cm 等 3 种毛管埋深和 30cm、60cm、90cm 等 3 种毛管间距下苜蓿的生长变化特征，并且仅研究了浅埋式滴灌（5cm、10cm）与常规地下滴灌（毛管埋深 20cm）对比，埋深处理较少，而且毛管间距相差较大，建议以后的研究从以 60cm 为中间值，间距梯度差值较小的方面研究毛管间距。

（3）本章研究了苜蓿毛细根的分布情况，仅研究了根重密度指标，研究苜蓿根系应该分析整个根系层的主根深度、侧根分支数，毛细根长度，毛细根体积等指标，更加全面地分析苜蓿根系的分布特征。

（4）本章只研究了浅埋式滴灌一种灌溉制度下不同毛管布设的优化方案，建议此后的研究在选择较好的毛管布设情况下针对不同灌溉制度开展研究，确定出浅埋式滴灌下优化的灌溉制度。

参考文献

［1］刘晓丽，汪有科，马理辉，等. 密植枣林地深层土壤水分垂直变化与根系分布关系 ［J］. 农业机械学报，2013，44（7）：90 - 97.

［2］陈洪松，邵明安，王克林. 黄土区荒草地和裸地土壤水分的循环特征 ［J］. 应用生态学报，2005，16（10）：1853 - 1857.

［3］李洪建，王孟本，柴宝峰. 黄土高原土壤水分变化的时空特征分析 ［J］. 应用生态学报，2003，14（4）：515 - 519.

［4］杨文治，邵明安. 黄土高原土壤水分研究 ［M］. 北京：科学出版社，2000.

［5］陈洪松，邵明安. 黄土区坡地土壤水分运动与转化机理研究进展 ［J］. 水科学进展，2003，14（4）：513 - 520.

［6］PAYERO J O，NEALE C M U，WRIGHT J L. Comparison of eleven vegetation indices for estimating plant height of alfalfa and grass ［J］. Applied Engineering in Agriculture，2004，20（3）：385.

［7］HEDGE R S，MILLER D A. Allelopathy and autotoxicity in alfalfa：Characterization and effects of preceding crops and residue incorporation ［J］. Crop Science，1990，30（6）：1255 - 1259.

［8］ROBINS J G，BAUCHAN G R，BRUMMER E C. Genetic Mapping Forage Yield，Plant Height，and Regrowth at Multiple Harvests in Tetraploid Alfalfa（L.） ［J］. Crop science，2007，47（1）：11 - 18.

［9］HALYK R M，HURLBUT L W. Tensile and shear strength characteristics of alfalfa stems ［J］. Transactions of the ASAE，1968，11（2）：256 - 257.

［10］VOLENEC J J，CHERNEY J H，JOHNSON K D. Yield components，plant morphology，and forage quality of alfalfa as influenced by plant population ［J］. Crop science，1987，27（2）：321 - 326.

［11］GALEDAR M N，JAFARI A，MOHTASEBI S S，et al. Effects of moisture content and level in the crop on the engineering properties of alfalfa stems ［J］. Biosystems engineering，2008，101（2）：199 - 208.

第4章 苜蓿浅埋式滴灌田间毛管布设参数优化

为了确定苜蓿浅埋滴灌技术田间毛管布设参数，项目组于 2015 年在阿勒泰青河县试验基地进行苜蓿浅埋式滴灌试验，并采用田间试验和数值模拟的方法，开展了紫花苜蓿田间滴灌毛管布置优化研究。其中阿勒泰青河县试验基地试验采用完全组合试验设计，分别进行毛管埋深（5cm、10cm、20cm）、灌水定额（225m³/hm²、300m³/hm²、375m³/hm²）及毛管间距（30cm、60cm、90cm）、灌水定额（225m³/hm²、300m³/hm²、375m³/hm²）的双因素试验，共计 18 个处理。观测苜蓿株高、茎粗、叶绿素、茎叶比、产量、含水率等指标，分析了毛管布设方式（毛管间距、毛管埋深）和灌水定额对苜蓿生长指标及耗水规律的影响并提出毛管优化布设方案。为了进行苜蓿浅埋滴灌技术的推广与示范，确定出适宜的苜蓿优质高产的浅埋滴灌布置方式，通过建立数学模型，利用 Hydrus-2D 软件模拟田间不同毛管埋深和不同毛管间距下的水分入渗特征，采用大田试验进行验证，与模拟结果进行对比分析。结果表明：HYDRUS-2D 模拟结果可靠，可用于模拟苜蓿地下滴灌土壤水分运移规律，鉴于毛管埋深 5cm 和毛管埋深 20cm 时，毛管间距为 60cm 时能获得较优产量，且产量相差不大，且由于毛管埋深为 5cm 时更容易进行浅埋作业，建议在该地区采用地下滴灌毛管埋深为 5cm，毛管间距为 60cm 的布置方式。

4.1 试验设计与方法

4.1.1 苜蓿浅埋式滴灌田间毛管布设参数优化试验

4.1.1.1 试验设计

试验小区位于青河县境内的阿苇灌区，如图 4-1 和图 4-2 所示。试验小区内的主要种植作物为紫花苜蓿。试验采用田间小区对比试验。每个小区长 30m，宽 2.4m，地面分干管为直径 50mm 的 PE 管，支管为直径 40mm 的 PE 管。本次试验的苜蓿品种为紫花苜蓿，滴灌材料为内镶贴片式滴灌带，滴头流量为 3.2L/h，滴头间距为 30cm。

1. 浅埋式滴灌毛管间距与灌水定额的组合试验

每个小区所铺设毛管数目视毛管间距而定，毛管间距为 30cm（1 带 1 行），小区铺设 8 根毛管；毛管间距为 60cm（1 带 2 行），小区铺设 4 根毛管；毛管间距为 90cm（1

图 4-1　阿苇灌区

图 4-2　试验小区

带 3 行），小区铺设 3 根毛管。本试验设置毛管间距和灌水定额两种试验因素，毛管间距设置 30cm、60cm、90cm 共 3 种水平，灌水定额采用 225m³/hm²、300m³/hm²、375m³/hm² 共 3 种水平，记为 W1、W2、W3，采用组合试验设计，共计 9 个处理，每个处理为 1 个小区，分别记为 A1、A2、A3、A4、A5、A6、A7、A8、A9。每个小区毛管埋深均为 5cm，每个小区毛管间距布设图如图 4-3～图 4-5 所示。

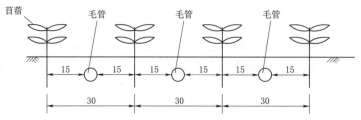

图 4-3　毛管间距为 30cm 的毛管布设图（单位：cm）

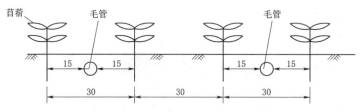

图 4-4　毛管间距为 60cm 的毛管布设图（单位：cm）

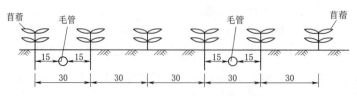

图 4-5　毛管间距为 90cm 的毛管布设图（单位：cm）

　　灌水定额依据当地农民用水习惯及苜蓿生理特性而制定，各处理灌水定额与毛管间距设计方案见表 4-1。

表 4-1　　　　　　　　青河紫花苜蓿灌水定额与毛管间距设计方案表

处理编号	灌水处理	灌水定额/(m³/hm²)	毛管间距/cm
A1	W1	225	30
A2	W2	300	30
A3	W3	375	30
A4	W1	225	60
A5	W2	300	60
A6	W3	375	60
A7	W1	225	90
A8	W2	300	90
A9	W3	375	90

上述试验的试验小区由水表（水表自带球阀）计量并控制灌溉定额，各处理灌水日期及定额见表 4-2。

表 4-2　　　　　　不同间距条件下青河紫花苜蓿灌水日期及定额　　　　单位：m³/hm²

处理编号	第一茬/(月-日)							第二茬/(月-日)							
	5-26	6-5	6-15	6-25	7-5	7-15	7-20	7-22	8-1	8-11	8-21	8-31	9-10	9-20	9-27
A1	225	225	225	225	225	225		225	225	225	225	225	225	225	
A2	300	300	300	300	300	300		300	300	300	300	300	300	300	
A3	375	375	375	375	375	375		375	375	375	375	375	375	375	
A4	225	225	225	225	225	225	收割苜蓿	225	225	225	225	225	225	225	收割苜蓿
A5	300	300	300	300	300	300		300	300	300	300	300	300	300	
A6	375	375	375	375	375	375		375	375	375	375	375	375	375	
A7	225	225	225	225	225	225		225	225	225	225	225	225	225	
A8	300	300	300	300	300	300		300	300	300	300	300	300	300	
A9	375	375	375	375	375	375		375	375	375	375	375	375	375	

2. 浅埋式滴灌毛管埋深与灌水定额的组合试验

试验区毛管间距均设为 60cm，每个小区铺设 4 根毛管，试验设置毛管埋深和灌水定额 2 种试验因素，毛管埋深设置 5cm，10cm 和 20cm。灌水定额采用 225m³/hm²、300m³/hm²、375m³/hm² 3 种水平，采用组合试验设计，共计 9 个处理，每个处理为 1 个小区，分别记为 B1、B2、B3、B4、B5、B6、B7、B8、B9。每个小区毛管埋深布设图如图 4-6～图 4-8 所示。

各处理灌水定额与毛管埋深设计方案见表 4-3。

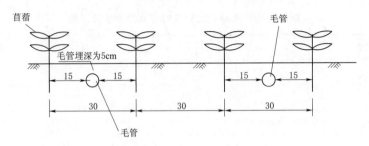

图 4 - 6 毛管埋深为 5cm 的毛管布设图（单位：cm）

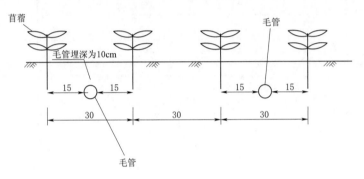

图 4 - 7 毛管埋深为 10cm 的毛管布设图（单位：cm）

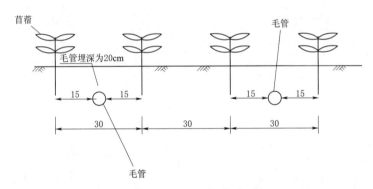

图 4 - 8 毛管埋深为 20cm 的毛管布设图（单位：cm）

表 4 - 3 清河紫花苜蓿灌水定额与毛管埋深设计方案表

处理编号	灌水处理	灌水定额/（m³/hm²）	毛管埋深/cm
B1	W1	225	5
B2	W2	300	5
B3	W3	375	5
B4	W1	225	10
B5	W2	300	10
B6	W3	375	10
B7	W1	225	20
B8	W2	300	20
B9	W3	375	20

上述试验的试验小区由水表（水表自带球阀）控制灌溉定额，各处理灌水日期及定额见表4-4。

表4-4　　　　　　不同埋深条件下青河紫花苜蓿灌水日期及定额　　　　　单位：m³/hm²

处理编号	第一茬/(月-日)							第二茬/(月-日)							
	5-26	6-5	6-15	6-25	7-5	7-15	7-20	7-22	8-1	8-11	8-21	8-31	9-10	9-20	9-27
B1	225	225	225	225	225	225		225	225	225	225	225	225	225	
B2	300	300	300	300	300	300		300	300	300	300	300	300	300	
B3	375	375	375	375	375	375		375	375	375	375	375	375	375	
B4	225	225	225	225	225	225	收割苜蓿	225	225	225	225	225	225	225	收割苜蓿
B5	300	300	300	300	300	300		300	300	300	300	300	300	300	
B6	375	375	375	375	375	375		375	375	375	375	375	375	375	
B7	225	225	225	225	225	225		225	225	225	225	225	225	225	
B8	300	300	300	300	300	300		300	300	300	300	300	300	300	
B9	375	375	375	375	375	375		375	375	375	375	375	375	375	

试验小区平面布置图如图4-9所示。

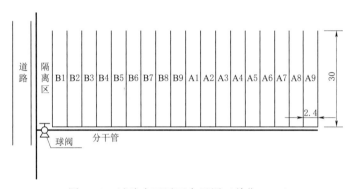

图4-9　试验小区平面布置图（单位：cm）

A1、A2、A3每个小区铺设8根毛管，一共24根毛管，A4、A5、A6每个小区铺设4根毛管，一共12根毛管。A7、A8、A9每个小区铺设3根毛管，一共9根毛管，总共45根毛管。B1、B2、B3、B4、B5、B6、B7、B8、B9每个小区4根毛管，共36根毛管。毛管间距30cm的平面布置如图4-10所示。

毛管间距60cm的平面布置如图4-11所示。

毛管间距90cm的平面布置如图4-12所示。

4.1.1.2　观测内容及方法

试验在阿勒泰市青河县境内进行，苜蓿为3

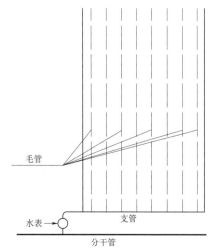

图4-10　毛管间距30cm的平面布设图

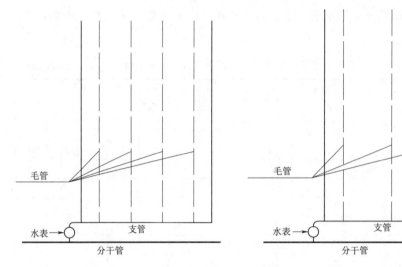

图 4-11　毛管间距 60cm 的平面布设图　　图 4-12　毛管间距 90cm 的平面布设图

年生苜蓿。试验观测内容主要有气象资料、土壤容重、苜蓿株高、苜蓿茎粗、叶绿素含量、苜蓿茎叶比、土壤水分和作物产量等。

1. 气象资料

气象资料来源于 Vantage Pro2 自动气象站，主要观测的气象数据包括：最高温度、最低温度、风速、风向、大气压力、降雨量和太阳辐射。

2. 土壤容重的测定

通过环刀法测定 0～100cm 土层的土壤容重。

3. 苜蓿株高的测定

在每个小区中选取苜蓿长势均匀的部分，从该部分中选取具有代表性的 10 株苜蓿定株，每隔 5 天测 1 次苜蓿株高，孕蕾前为从苜蓿茎的最基部到最上叶顶端的距离，孕蕾期后为从苜蓿茎的最基部到最顶端的距离。

4. 苜蓿茎叶比的测定

从试验田中随机取样 0.5kg，每次取样 3 次重复，将茎和叶分离后放置于烘箱烘，105℃杀青 30min，烘箱温度设置为 75℃，烘 48h 后取出后分别称量叶和茎的重量，计算茎叶比。

5. 苜蓿产量

本次试验采用大样方和小样方相结合的方法测定苜蓿干草产量。大样方测定苜蓿草鲜质量（W_1，kg），小样方测定鲜质量（W_2，g）和干质量（W_3，g），之后通过小样方的数据计算得到该小区苜蓿的含水率，然后以用小区的苜蓿含水率和苜蓿鲜质量计算大样方苜蓿草干质量，最后依据大样方的面积（S，m^2）计算得到单位面积的苜蓿草干质量（W，kg/hm^2）。大样方面积约为 6m×0.9m，刈割后测定苜蓿鲜质量。小样方样面积约为 45cm×45cm，刈割后测定苜蓿鲜质量。然后将小样方草样放入烘箱，105℃ 杀青 30min 后将温度调到 75℃，恒温下烘 48h，冷却后取出测定干质量。每个小区随机选取 2 个小样方，小区苜蓿的含水率为 2 个小样方含水率的平均值。苜蓿干草产质量（W，kg/hm²）可以表示为

$$W = \frac{W_1 W_3}{W_2 S} \times 10000 \tag{4-1}$$

式中 W_1——大样方鲜草质量，kg；

W_2——小样方鲜草质量，g；

W_3——小样方干草质量，g；

S——大样方面积，m²。

6. 土壤水分

使用 PR2（profile probe 2）仪器观测土壤水分，PR2 仪器利用 FDR 技术，通过分布在探杆上不同高度的水分传感器对 0.5m 或 1m 深的土壤进行固定间距的土壤剖面水分测量，该仪器具有使用方便、安装成本低、不受土壤盐分影响等特点。在每个小区中间的两根滴管之间布设 3 根 PR2 探管，其中一根探管贴近滴管布置，另一根探管布置在两根滴管中间，第 3 根探管布置在上述两根探管中间。

7. 茎粗的测定

在每个小区中选取苜蓿长势均匀的部分，从该部分中选取具有代表性的 10 株苜蓿定株，每隔 5 天用游标卡尺测一次苜蓿茎粗，取平均值。

8. 叶绿素的测定

从每个试验小区选取 5 株长势均匀的苜蓿，每株苜蓿各取 20 片叶子，采用 SPAD-502PLUS 便携式叶绿素仪测定苜蓿的叶绿素含量。

4.1.2 苜蓿浅埋式滴灌毛管布置优化试验与数值模拟

4.1.2.1 试验设计

试验于 2016 年 3 月在阿勒泰地区清河县进行。试验地点位于准噶尔盆地东北部，阿勒泰地区青河县境内，地理坐标为北纬 46°25′30″，东经 90°04′01″。该地区属于大陆性温带寒温带气候，高山高寒，空气干燥。具有冬季漫长寒冷、风势较大和夏季酷热、年降雨量小和蒸发量大的显著特点。极端最低气温为 −53℃，极端气温最高达 36.5℃，年平均气温 1.3℃，年均降水量 189.1mm，年均蒸发量达 1367mm（小型蒸发），无霜期平均为 103 天。土壤质地为沙土，土壤容重为 1.74g/cm³。土壤田间持水量为 8.3%，根据土壤质地分类标准，试验区土壤 80cm 以上部分为轻砾石粗砂土，80～100cm 为中砾石粗砂土。试验地土壤黏粒含量较少，以粗砂为主。由于该土壤孔隙多，黏性小，因此，通气和透水性强，但蓄水和保肥能力较差，容易受到干旱侵袭。

苜蓿于 2014 年开始种植，试材为当地主栽苜蓿品种"阿尔冈金"，试验小区面积 1.5hm²，试验处理样方面积 1m²。

试验设置毛管间距和毛管埋深 2 个因素，每个试验因素设 3 种水平，采用交互试验设计，共 9 个处理，每个处理为 1 个小区，分别记为 A1、A2、A3、A4、A5、A6、A7、A8、A9。灌溉方式为滴灌，各处理灌溉定额均为 6075m³/hm²，灌水定额均为 450m³/hm²，灌水周期 6～9 天。试验中第一茬收获期为 6 月 20 日，第二茬收获期为 9 月 9 日。紫花苜蓿试验设计方案见表 4-5。

表 4-5　　　　　　　　　　　　　紫花苜蓿试验设计方案

处理编号	毛管埋深 /cm	毛管间距 /cm	滴头流量 /(L/h)	灌水定额 /(m³/hm²)	灌溉定额 /(m³/hm²)
A1	20	30	3.2	450	6075
A2	20	60	3.2	450	6075
A3	20	90	3.2	450	6075
A4	10	30	3.2	450	6075
A5	10	60	3.2	450	6075
A6	10	90	3.2	450	6075
A7	5	30	3.2	450	6075
A8	5	60	3.2	450	6075
A9	5	90	3.2	450	6075

4.1.2.2 数学模型

二维入渗水流控制方程采用修改过的 Richards 方程，其水分运动基本方程为

$$\frac{\partial \theta}{\partial t} = \frac{\partial}{\partial x}\left[K(h)\left(\frac{\partial h}{\partial t}\right)\right] + \frac{\partial}{\partial z}\left[K(h)\left(\frac{\partial h}{\partial t}\right)\right] + \frac{\partial K(h)}{\partial z} - S(x,z,t) \quad (4-2)$$

式中　　θ——土壤体积含水率，cm³/cm³；

h——土壤负压水头，cm；

t——时间，h；

x——径向距离，cm；

z——垂向距离，取向下为正，cm；

K——渗透系数，cm/h；

$S(x,z,t)$——根系吸水项，此模型中忽略。

试验区土壤基本物理参数见表 4-6，表中砂壤土由 1.6% 的黏粒、7.0% 的粉粒和 91.4% 的砂粒组成。

表 4-6　　　　　　　　　　　　　试验区土壤基本物理参数

土层深度 /cm	土壤颗粒组成/%			容重 /(g/cm³)	田间持水率 /(cm³/cm³)	饱和含水率 /(cm³/cm³)
	砂粒	粉粒	黏粒			
0～100	91.4	7.0	1.6	1.635	26.1	40.3

土壤水力特性参数采用 Van Genuchten - Mualem 模型，即

$$\theta(h) = \begin{cases} \theta_r + \dfrac{\theta_s - \theta_r}{(1 + |\alpha h|^n)^m} & h < 0 \\ \theta_s & h \geqslant 0 \end{cases} \tag{4-3}$$

$$K(\theta) = K_s S_e^l [1 - (1 - S_e^{1/m})^m]^2 \tag{4-4}$$

$$S = (\theta - \theta_r)/(\theta_s - \theta_r) \tag{4-5}$$

$$m = 1 - 1/n \tag{4-6}$$

式中 θ_r——土壤残余含水率；

θ_s——土壤饱和含水率；

K_s——饱和渗透系数，cm/h；

S——相对饱和率值；

n、m 和 α——经验参数；

l——孔隙连通性系数，无量纲，一般取 0.5 [10]。

试验采用砂壤土的 Van Genuchten 模型，参数见表 4-7。

表 4-7　　　　　　　试验土壤水分特性的 Van Genuchten 模型参数

土壤类型	$\gamma_d/(g/cm^3)$	$\theta_r/(cm^3/cm^3)$	$\theta_s/(cm^3/cm^3)$	α/cm	n	$K_s/(cm/h)$
砂壤土	1.635	0.0456	0.3445	0.0367	2.8906	15.0945

模型模拟深度为 0～100cm，模拟时间为灌水后 10h，设定初始时间 0.001h，最小步长 0.001h，最大步长 0.005h，土壤含水率允许容许偏差 0.001。初始条件设置为：初始含水率 18%，上边界为零通量边界，下边界为自由排水边界，左边界和右边界均为零通量边界，圆形位置取决于滴头位置，滴头边界（$r = 1cm$）设置为随时间变化的可变流量边界。

4.1.2.3　观测内容及方法

1. 土壤含水量

土壤含水量采用 CNC-503D 型中子仪定期监测。测定位置为滴头下、2 个毛管中间和毛管 1m 处，共布置 5 根中子管，每根中子管的观测深度为 0～10cm、10～20cm、20～30cm、30～40cm、40～60cm、60～100cm，于每次灌水后测定其土壤含水量。此外，在各个生育期选择 1 个灌水周期进行连续测定。

2. 植株生长

（1）株高。在每个小区中选取具有代表性的 10 株苜蓿定株，每隔 10 天监测 1 次苜蓿株高和茎粗。株高在现蕾前为从茎的最基部到最上叶顶端的距离，现蕾后为从茎的最基部到花序顶端的距离。

（2）茎粗。用游标卡尺量茎的最基部，东西、南北 2 个方向各测 1 次，取平均值。株高与茎粗在每个小区内按 S 形曲线随机选取 10 株。

3. 测产

样方为 $1m^2$，样方苜蓿全部刈割，刈割时留茬 5cm，阴干后称重。重复 3 次，取 3 次重复的平均值。

4. 统计分析

采用 SPSS 22.0 和 Surfer 11.0 进行数据分析和制图。

4.2 毛管布设方式和灌水定额对苜蓿生长指标及产量的影响

4.2.1 毛管埋深和灌水定额苜蓿生长指标及产量的影响

4.2.1.1 毛管埋深对苜蓿生长指标及产量的影响

1. 毛管埋深对苜蓿株高的影响

株高是评判作物生长和发育状况的重要因素，是直接影响紫花苜蓿产量的关键因子。毛管埋深对苜蓿株高的影响如图 4-13 所示。由图 4-13 可以看出，随着毛管埋深的增加，苜蓿株高表现出了先升高后降低的变化，以埋深 10cm 的苜蓿株高最高，这可能是由于与其他两种埋深相比，毛管埋深 10cm 更容易涵养水分。随着时间的推进，苜蓿生长速率逐渐降低，第一茬苜蓿生长速率明显高于第二茬。

不同毛管埋深下各生育期的苜蓿株高（第一茬）见表 4-8，苜蓿株高（第二茬）见表 4-9。从表 4-8 和表 4-9 可以看出，对于苜蓿分枝期，随着埋设深度的增加，第一、二茬苜蓿株高先升高后降低，但差异并不显著。进入孕蕾初期后，在同一灌水定额下，埋深对第一、第二茬苜蓿的株高产生了较为显著的差异，其中毛管埋深 5cm 和毛管埋深 10cm 之间差异显著。在 $225m^3/hm^2$ 灌水定额下，第一茬苜蓿株高随着毛管埋

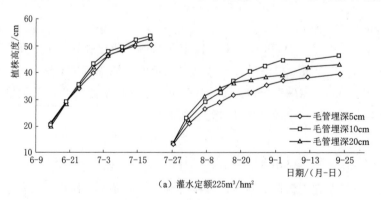

（a）灌水定额225m³/hm²

图 4-13（一） 毛管埋深对苜蓿株高的影响

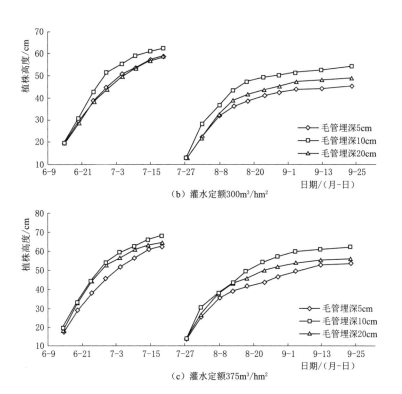

（b）灌水定额300m³/hm²

（c）灌水定额375m³/hm²

图 4-13（二） 毛管埋深对苜蓿株高的影响

深的加深先增高后加降低，但差异性不如第二茬苜蓿显著，当灌水定额由 225m³/hm² 上升到 300m³/hm²、375m³/hm² 时，苜蓿株高受毛管埋深的影响越显著。进入孕蕾期后，苜蓿生长趋势趋于平缓，苜蓿株高随毛管埋深产生的差异趋于降低。

表 4-8　　　　　　　　不同毛管埋深下各生育期的苜蓿株高（第一茬）　　　　　　单位：cm

灌水定额 /（m³/hm²）	毛管埋深 /cm	分枝初期	分枝盛期	孕蕾初期	孕蕾盛期	开花期
225	5	21.3ᵃ	34.3ⁱ	46.7ʰ	50.7ⁱ	51ʰ
	10	20.4ᵇᶜ	36.1ᵍ	48.3ᵍ	52.8ᵍ	54.3ᶠ
	20	19.3ᵉ	35.7ʰ	46.8ʰ	51.6ʰ	53.4ᵍ
300	5	20.2ᶜ	39.1ᵈ	50.8ᵉ	57.1ᶠ	58.8ᵉ
	10	19.7ᵈ	43.2ᶜ	55.7ᶜ	61.3ᶜ	62.8ᶜ
	20	18.9ᶠ	38.3ᵉ	49.9ᶠ	57.9ᵉ	59.7ᵈ
375	5	17.3ʰ	37.6ᶠ	52ᵈ	61ᵈ	63ᶜ
	10	18.3ᵍ	44.1ᵇ	59.4ᵃ	66.2ᵃ	68.4ᵃ
	20	20.6ᵇ	44.7ᵃ	56.7ᵇ	63.4ᵇ	65.2ᵇ

注：不同的小写字母表示在 $P < 0.05$ 水平下差异显著，以下同。

表 4-9　　　　　不同毛管埋深下各生育期的苜蓿株高（第二茬）　　　　单位：cm

灌水定额 /(m³/hm²)	毛管埋深 /cm	分枝初期	分枝盛期	孕蕾初期	孕蕾盛期	开花期
225	5	21ᵍ	29.7ʰ	33.6ⁱ	39.2ⁱ	40.8ⁱ
	10	23ᶠ	33.3ᵍ	41.4ᵍ	46ᶠ	47.8ᶠ
	20	24.7ᵉ	34.9ᶠ	38.2ʰ	43.4ʰ	44.2ʰ
300	5	23ᶠ	36.8ᵉ	41.8ᶠ	45.3ᵍ	46.8ᵍ
	10	29ᵇ	44.6ᵃ	50.3ᵇ	53.8ᶜ	55.8ᶜ
	20	22.8ᶠ	39.8ᶜ	44.5ᵈ	49.3ᵉ	50.4ᵉ
375	5	25ᵈ	39ᵈ	43.4ᵉ	52.5ᵈ	53.5ᵈ
	10	30.3ᵃ	43ᵇ	54.3ᵃ	60.8ᵉ	62.3ᵉ
	20	26.5ᶜ	43.2ᵇ	49.8ᶜ	55.2ᵇ	56ᵇ

注：不同的小写字母表示在 $P<0.05$ 水平下差异显著，以下同。

第一茬和第二茬灌水定额和埋深对各生育期苜蓿株高双因素方差分析见表 4-10 和表 4-11。从表 4-10 和表 4-11 可以看出，在同一灌水定额下，毛管埋深对第二茬苜蓿全生育期的株高影响显著，明显高于对第一茬苜蓿株高的影响。

表 4-10　　灌水定额和毛管埋深对各生育期苜蓿株高双因素方差分析（第一茬）

处理	分枝初期	分枝盛期	孕蕾初期	孕蕾盛期	开花期
灌水定额	0.896	6.88	15.036*	130.808**	197.142**
毛管埋深	0.014*	2.452	4.401	13.715*	21.715**
灌水定额、毛管埋深	262.894**	624.925**	457.341**	96.929**	73.006**

注：＊＊表示非常显著（$P<0.01$），＊表示显著（$P<0.05$）。

表 4-11　　灌水定额和毛管埋深对各生育期苜蓿株高双因素方差分析（第二茬）

处理	分枝初期	分枝盛期	孕蕾初期	孕蕾盛期	开花期
灌水定额	3.495	23.713**	76.563**	202.461**	174.269**
毛管埋深	3.596	7.261*	46.069**	70.88**	70.84**
灌水定额、毛管埋深	563.21**	362.072**	143.789**	70.333**	78.243**

注：＊＊表示非常显著（$P<0.01$），＊表示显著（$P<0.05$）。

2. 毛管埋深对苜蓿茎粗的影响

茎是苜蓿输送养分、水分的组要渠道，是影响苜蓿产量的主要构成因素。毛管埋深对苜蓿茎粗的影响如图 4-14 所示。从图 4-14 可以看出，不同毛管埋深的苜蓿茎粗随时间的变化规律大致相似，均表现出了生育前期生长迅速，随着生育期的推进，生长速度逐渐放缓。

不同毛管埋深下各生育期的苜蓿茎粗见表 4-12。从表 4-12 可以看出，在同一灌水定额条件下，随着毛管埋深的增加，苜蓿茎粗先增加后降低，以埋深 10cm 的苜蓿茎粗最粗，但各埋深苜蓿茎粗差异不大。在 225m³/hm² 灌水定额下，在苜蓿分枝期，苜

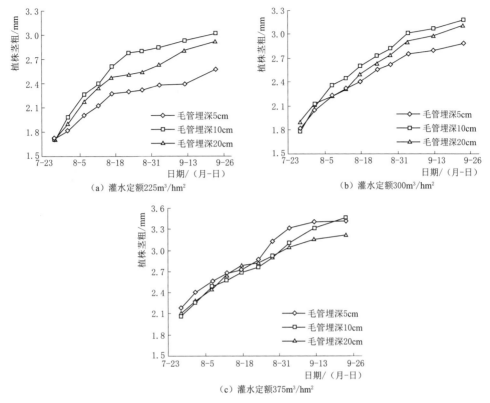

图 4-14　毛管埋深对苜蓿茎粗的影响

蓿茎粗生长迅速，不同毛管埋深对苜蓿的茎粗产生了显著的影响，随着毛管埋深的增加，苜蓿茎粗先增加后降低，说明适当增加毛管埋深可以提高苜蓿茎粗，各毛管埋深之间差异较为显著。当灌水定额由 $225m^3/hm^2$ 提升到 $300m^3/hm^2$、$375m^3/hm^2$ 时，不同毛管埋深对苜蓿茎粗所产生的影响逐渐降低，灌水定额越高，毛管埋深对苜蓿茎粗的影响越小。进入孕蕾期后，毛管埋深对苜蓿茎粗的影响逐渐增强，以 $225m^3/hm^2$ 灌水定额下毛管埋深对苜蓿茎粗的影响最强，而以 $375m^3/hm^2$ 灌水定额下毛管埋深对苜蓿茎粗的影响最弱。灌水定额和毛管埋深对各生育期苜蓿茎粗双因素分析见表 4-13。由表 4-13 可以看出，毛管埋深对苜蓿茎粗的影响并不显著。

表 4-12　　　　　　　　　不同毛管埋深下各生育期的苜蓿茎粗　　　　　　　　　单位：mm

灌水定额 /(m³/hm²)	毛管埋深 /cm	分枝初期	分枝盛期	孕蕾初期	孕蕾盛期	开花期
225	5	1.81[i]	2.12[g]	2.3[h]	2.4[g]	2.58[i]
	10	1.98[g]	2.4[d]	2.78[c]	2.93[e]	3.02[f]
	20	1.9[h]	2.35[e]	2.51[g]	2.81[f]	2.92[g]
300	5	2.05[f]	2.32[f]	2.56[f]	2.8[f]	2.89[h]
	10	2.09[e]	2.45[c]	2.73[d]	3.07[c]	3.18[d]
	20	2.13[d]	2.31[f]	2.65[e]	2.98[d]	3.11[e]

续表

灌水定额 /(m³/hm²)	毛管埋深 /cm	分枝初期	分枝盛期	孕蕾初期	孕蕾盛期	开花期
	5	2.4ᵃ	2.67ᵃ	2.86ᵃ	3.4ᵃ	3.42ᵇ
375	10	2.25ᶜ	2.58ᵇ	2.76ᶜ	3.39ᵃ	3.47ᵃ
	20	2.28ᵇ	2.66ᵃ	2.82ᵇ	3.16ᵇ	3.22ᶜ

注：不同的小写字母表示在 $P<0.05$ 水平下差异显著，以下同。

表 4-13　　　　　灌水定额和埋深对各生育期苜蓿茎粗双因素方差分析

处理	分枝初期	分枝盛期	孕蕾初期	孕蕾盛期	开花期
灌水定额	5.03*	12.40*	2.926	8.93*	9.739*
毛管埋深	0.30*	0.62	1.187	1.63	2.205
灌水定额、毛管埋深	272.46**	92.01**	259.79**	385.56**	266.97**

注：**表示非常显著（$P<0.01$），*表示显著（$P<0.05$），以下同。

3. 毛管埋深对苜蓿叶绿素的影响

叶绿素是一种与光合作用有关的非常重要的色素，对光的吸收、传递、转化具有十分重要的作用。叶绿素可以将光能转换成植物生长发育所需的能量，因此叶绿素的高低也反映了植物的生长状况，同一条件下，叶绿素越高，说明植物生长越好，产量越高。毛管埋深对苜蓿叶绿素的影响如图 4-15 所示。

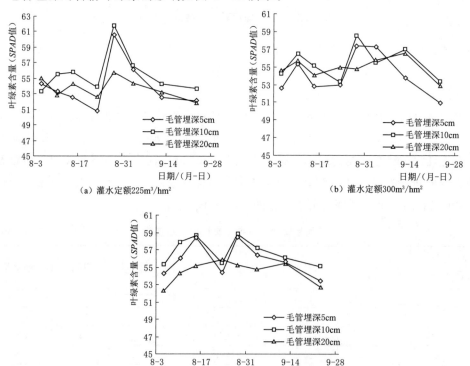

图 4-15　毛管埋深对苜蓿叶绿素的影响

　　不同毛管埋深下的各生育期苜蓿叶绿素含量见表 4-14。从表 4-14 可以看出，在苜蓿分枝期，在 225m³/hm²、300m³/hm² 灌水定额下，各毛管埋深条件下苜蓿叶绿素含量高低为毛管埋深 10cm＞毛管埋深 20cm＞毛管埋深 5cm，而 375m³/hm² 灌水定额下苜蓿叶绿素含量高低为毛管埋深 10cm＞毛管埋深 5cm＞毛管埋深 20cm，当灌水定额从 225m³/hm² 提高到 300m³/hm² 时，各毛管埋深条件下的叶绿素含量差异减小。进入孕蕾期后，苜蓿进入营养生长，生长速度加快，毛管埋深 5cm、10cm 的叶绿素含量迅速增加，并在孕蕾初期达到最大，毛管埋深 20cm 的叶绿素含量增幅缓慢，与毛管埋深 5cm、10cm 之间的差异逐渐增大，并在孕蕾初期达到最大，此时在 225m³/hm² 灌水定额下，毛管埋深 5cm、10cm 分别比 20cm 的叶绿素含量高出 10.8%、8.6%，300m³/hm² 灌水定额下毛管埋深 10cm、5cm 分别比 20cm 的叶绿素含量高出 6.9%、4.7%，375m³/hm² 灌水定额下毛管埋深 10cm、5cm 分别比 20cm 的叶绿素含量高出 6.3%、5.8%，随着灌水定额的提高，毛管埋深 5cm、10cm 之间的差异逐渐减小。过了孕蕾初期之后，随着生育期的推进，各毛管埋深条件下的叶绿素值逐渐降低，毛管埋深对叶绿素的影响并不显著。在 225m³/hm²、375m³/hm² 灌水定额下，毛管埋深 5cm、20cm 之间的差异随着生育期的推进逐渐减小。而在 300m³/hm² 灌水定额下，毛管埋深 10cm、20cm 之间的差异随着生育期逐渐减小。进入开花期后，在 225m³/hm²、375m³/hm² 灌水定额下，各毛管埋深条件下的叶绿素含量高低为毛管埋深 10cm＞毛管埋深 5cm＞毛管埋深 20cm，300m³/hm² 灌水定额下各毛管埋深的叶绿素值高低为毛管埋深 10cm＞毛管埋深 20cm＞毛管埋深 5cm。可见与毛管埋深 5cm、20cm 相比，毛管埋深为 10cm 的布设方式有助于苜蓿产生较高的叶绿素值，进而使苜蓿提高产量。

表 4-14　　　　　　　　不同毛管埋深下的各生育期苜蓿叶绿素含量

灌水定额 /(m³/hm²)	毛管埋深 /cm	分枝初期	分枝盛期	孕蕾初期	孕蕾盛期	开花期
	5	54.3^bc	52.6^g	60.6^b	52.6^h	52.1^e
225	10	53.3^d	55.8^c	61.8^a	54.3^e	53.8^b
	20	55^a	54.3^e	55.8^f	53.2^g	51.9^e
	5	52.6^e	52.7^g	57.4^e	53.7^f	50.9^f
300	10	54.2^c	55^d	58.6^cd	57^a	53.4^c
	20	54.5^b	54^f	54.8^h	56.5^b	52.8^d
	5	54.3^bc	58.4^b	58.5^d	55.5^d	53.4^c
375	10	55.3^a	58.7^a	58.8^c	56.1^c	55^a
	20	52.3^e	55.2^d	55.3^g	55.4^d	52.7^d

注：不同的小写字母表示在 P<0.05 水平下差异显著，以下同。

　　灌水定额和毛管埋深对各生育期苜蓿叶绿素双因素方差分析见表 4-15。由表 4-15 可以看出，在苜蓿全生育期，毛管埋深灌水定额只对苜蓿孕蕾期的叶绿素影响显著，对其他生育期的叶绿素影响并不显著。

表4-15 灌水定额和毛管埋深对各生育期苜蓿叶绿素双因素方差分析

处理	分枝初期	分枝盛期	孕蕾初期	孕蕾盛期	开花期
灌水定额	0.086	6.249	9.126*	7.898*	3.318
毛管埋深	0.099	2.039	29.029**	3.8	6.709
灌水定额、毛管埋深	229.651**	217.793**	66.617**	80.469**	54.834**

注：**表示非常显著（$P<0.01$），*表示显著（$P<0.05$）。

4. 毛管埋深对苜蓿茎叶比的影响

茎叶比是判定苜蓿品质的重要指标之一，相比于苜蓿茎，苜蓿叶片中包含相对较多的蛋白质、少量粗纤维等营养物质，叶片比例越高，茎叶比越小，则苜蓿所含蛋白质越丰富，苜蓿适口性越强，品质更高。毛管埋深对苜蓿茎叶比的影响如图4-16所示。

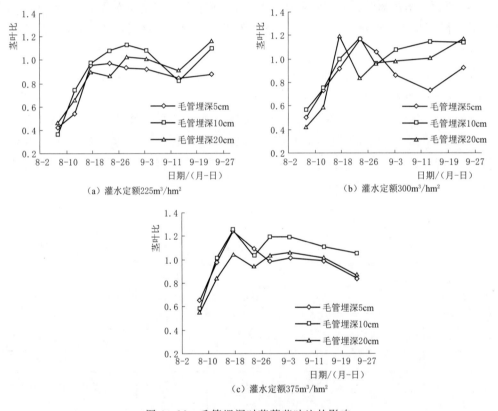

（a）灌水定额225m³/hm²

（b）灌水定额300m³/hm²

（c）灌水定额375m³/hm²

图4-16 毛管埋深对苜蓿茎叶比的影响

不同毛管埋深下各生育期的苜蓿茎叶比见表4-16。从图4-16、表4-16可以看出，苜蓿茎叶比在分枝期迅速增大，并在盛期达到最大值，进入孕蕾期后，叶干物质的累积速率高于茎的累积速率，茎叶比呈现出了降低的趋势。从总体上说，随着生育期的推进，苜蓿茎叶比呈现出了先升高后降低的趋势。在225m³/hm²灌水定额下，在分枝初期，各埋深茎叶比差异不显著，毛管埋深20cm的茎叶比＞毛管埋深5cm的茎叶比

＞毛管埋深 10cm 的茎叶比，进入分枝盛期之后，各埋深茎叶比差异趋于显著，毛管埋深 10cm、20cm 的茎叶比逐渐增加，并在孕蕾初期达到最大值，而毛管埋深 5cm 的茎叶比趋于减小，过了孕蕾初期之后，各毛管埋深茎叶比均逐渐减小并在孕蕾盛期达到最小值，但从孕蕾盛期到开花期，各毛管埋深茎叶比均呈现出增长的趋势，其中各毛管埋深茎叶比大小为毛管埋深 20cm＞毛管埋深 10cm＞毛管埋深 5cm。在 300m³/hm² 灌水定额下，分枝初期至分枝盛期，各毛管埋深茎叶比相差不大，毛管埋深 20cm 的茎叶比在分枝盛期达到最大，进入分枝盛期后，毛管埋深 20cm 的茎叶比趋于减小，而毛管埋深 5cm、毛管埋深 10cm 的茎叶比趋于增大并在孕蕾初期达到最大值，孕蕾期之后毛管埋深 5cm、10cm 的逐渐减小，其中毛管埋深 5cm 的茎叶比下降明显，而毛管埋深 20cm 的茎叶比在孕蕾期之后逐渐增大，并在开花期达到最大，此时毛管埋深 20cm 的茎叶比＞毛管埋深 10cm 的茎叶比＞毛管埋深 5cm 的茎叶比。在 375m³/hm² 灌水定额下，各毛管埋深茎叶比在分枝盛期达到最大，其中毛管埋深 20cm 与毛管埋深 5cm、毛管埋深 10cm 的茎叶比差异显著，此时毛管埋深 10cm 的茎叶比＞毛管埋深 5cm 的茎叶比＞毛管埋深 20cm 的茎叶比，分枝盛期之后，各毛管埋深茎叶比趋于减小，在分枝末期之后，毛管埋深 10cm 与毛管埋深 5cm 之间的差异逐渐显著，而毛管埋深 5cm 与毛管埋深 20cm 之间的差异逐渐减小。至开花期，毛管埋深 5cm 的茎叶比远高于毛管埋深 10cm 及毛管埋深 20cm 的茎叶比。在 225m³/hm²、300m³/hm² 灌水定额下，在苜蓿分枝期、孕蕾期，毛管埋深 10cm 的苜蓿茎叶比高于毛管埋深 5cm 和毛管埋深 20cm 的茎叶比，孕蕾期之后，毛管埋深 20cm 的茎叶比超过毛管埋深 10cm 的茎叶比，但二者相差不大。而在 375m³/hm² 灌水定额下，在苜蓿全生育期，毛管埋深 10cm 的茎叶比始终高于毛管埋深 5cm 和毛管埋深 20cm，由此可见一定的毛管埋深会导致苜蓿产生较高的茎叶比，毛管埋深越浅，苜蓿茎叶比越小。

表 4－16　　　　　　　　　　不同毛管埋深下各生育期的苜蓿茎叶比

灌水定额 /(m³/hm²)	毛管埋深 /cm	分枝初期	分枝盛期	孕蕾初期	孕蕾盛期	开花期
225	5	0.42ᶠ	0.96ᵉ	0.93ᵍ	0.84ᵉ	0.87ᵍ
	10	0.36ᵍ	0.97ᵉ	1.13ᵇ	0.82ᵉ	1.10ᵈ
	20	0.46ᵉ	0.90ᶠ	1.03ᵈ	0.90ᵈ	1.16ᵇᶜ
300	5	0.5ᵈ	0.92ᶠ	1.06ᶜ	0.73ᶠ	0.92ᶠ
	10	0.56ᵇᶜ	1ᵈ	0.95ᶠᵍ	1.15ᵃ	1.14ᶜ
	20	0.42ᶠ	1.19ᵇ	0.96ᵉᶠ	1.01ᶜ	1.17ᵇ
375	5	0.65ᵃ	1.24ᵃ	0.98ᵉ	0.99ᶜ	1.22ᵃ
	10	0.58ᵇ	1.25ᵃ	1.19ᵃ	1.11ᵇ	1.05ᵉ
	20	0.55ᶜ	1.05ᶜ	1.03ᵈ	1.01ᶜ	0.86ᵍ

注：不同的小写字母表示在 $P<0.05$ 水平下差异显著，以下同。

灌水定额和毛管埋深对各生育期苜蓿茎叶比双因素方差分析见表 4 - 17。从表 4 - 17 可以看出，灌水定额与毛管埋深对苜蓿茎叶比均产生了非常显著的影响。

表 4 - 17　　　　灌水定额和毛管埋深对各生育期苜蓿茎叶比双因素方差分析

处理	分枝初期	分枝盛期	孕蕾初期	孕蕾盛期	开花期
灌水定额	478.98**	536.347**	52.83**	315.12**	14.76**
毛管埋深	30**	9.95**	111.77**	286.149**	87.17**
灌水定额、毛管埋深	79.96**	198.73**	109.87**	170.32**	449.12**

注：＊＊表示非常显著（$P<0.01$），＊表示显著（$P<0.05$）。

5. 毛管埋深对苜蓿产量的影响

不同毛管埋深下的苜蓿鲜草产量及干草产量见表 4 - 18。从表 4 - 18 可以看出，在 $225 m^3/hm^2$、$375 m^3/hm^2$ 灌水定额下，毛管埋深 10cm 的苜蓿总鲜草产量显著高于埋深 5cm、20cm 的产量，在 $300 m^3/hm^2$ 灌水定额下，毛管埋深 10cm 的苜蓿总鲜草产量虽然高于毛管埋深 5cm 及毛管埋深 20cm 的产量，但差异并不显著。毛管埋深 5cm 的苜蓿总鲜草产量在 $225 m^3/hm^2$ 灌水定额下低于埋深 20cm，在 $300 m^3/hm^2$、$375 m^3/hm^2$ 灌水定额下，毛管埋深 5cm 的苜蓿总鲜草产量与毛管埋深 20cm 没有明显规律。第一、第二茬苜蓿鲜草产量差异明显，第一茬苜蓿鲜草产量＞第二茬苜蓿鲜草产量，这可能是由于阿勒泰地区气候寒冷，无霜期仅为 100 天，随着时间的推进，第二茬苜蓿所处的气候温度低于第一茬苜蓿，导致苜蓿生产能力下降，另外青河地区多为戈壁，土地贫瘠，土壤养分匮乏，第一茬苜蓿消耗了较多的土壤养分，导致第二茬苜蓿的土壤养分不足，产能较第一茬苜蓿有所下降。

表 4 - 18　　　　　　不同毛管埋深下的苜蓿鲜草产量及干草产量

灌水定额 /(m³/hm²)	毛管埋深 /cm	鲜草产量/(t/hm²)			干草产量/(t/hm²)		
		第一茬	第二茬	总产量	第一茬	第二茬	总产量
225	5	11.74h	10.46g	22.2i	4.07h	3.66i	7.73i
	10	13.47f	11.45e	24.92g	4.77f	4.16g	8.93g
	20	12.41g	10.79f	23.2h	4.5g	3.8h	8.3h
300	5	15.07e	14.09d	29.16f	4.75f	4.69f	9.44f
	10	16.28c	14.53c	30.81d	5.73c	5.13d	10.86d
	20	15.76d	14.75c	30.51e	5.52d	4.73b	10.25c
375	5	17.61b	16.07b	33.68b	5.67d	5.82a	11.49b
	10	20.41a	17.5a	37.91a	7.01a	6.13c	13.14a
	20	17.44b	15.85b	33.29c	5.96b	4.85e	10.81e

注：不同的小写字母表示在 $P<0.05$ 水平下差异显著，以下同。

灌水定额和毛管埋深对苜蓿鲜草产量及干草产量双因素方差分析见表 4 - 19。由表 4 - 19 可知，毛管埋深对第一茬苜蓿影响显著，对第二茬苜蓿影响并不显著。

表 4 - 19　　灌水定额和毛管埋深对苜蓿鲜草产量及干草产量双因素方差分析

处理	鲜草产量/(t/hm²)			干草产量/(t/hm²)		
	第一茬	第二茬	总产量	第一茬	第二茬	总产量
灌水定额	63.7**	115.24**	83.23**	37.15**	8.78*	22.59**
毛管埋深	7.09*	3.27	5.48	12.04*	0.16	2.97
灌水定额、毛管埋深	49.27**	24.47**	142.85**	705.71**	2465.06**	4148.16**

注：**表示非常显著（$P < 0.01$），*表示显著（$P < 0.05$）。

4.2.1.2　灌水定额对苜蓿生长指标及产量的影响

1. 灌水定额对苜蓿株高的影响

灌水定额对苜蓿株高的影响如图 4 - 17 所示。

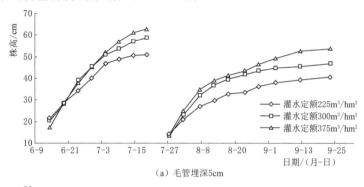

（a）毛管埋深5cm

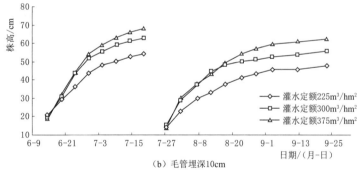

（b）毛管埋深10cm

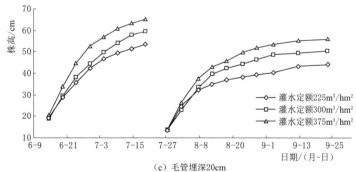

（c）毛管埋深20cm

图 4 - 17　灌水定额对苜蓿株高的影响

　　第一茬和第二茬在不同灌水定额下各生育期的苜蓿株高见表 4-20 和表 4-21。从图 4-17、表 4-20、表 4-21 可以看出，苜蓿在分枝期生长迅速，不同灌水定额之间的苜蓿株高差异较小，进入孕蕾期后，苜蓿生长速度放缓，不同灌水定额之间的苜蓿株高产生了较为显著的差异。在苜蓿分枝初期，各毛管埋深条件下不同灌水定额对第一、第二茬苜蓿株高影响较小，进入分枝盛期后，随着灌水定额的提高，第一、第二茬苜蓿株高均随之升高，其中第二茬苜蓿增长幅度高于第一茬苜蓿，相同埋深下的苜蓿株高在不同灌水定额下差异显著，其中 225m³/hm² 与 300m³/hm² 之间的差异明显高于 300m³/hm² 与 375m³/hm²，并且随着生育期的推进，这种差异也随之加大。

表 4-20　　　　　　不同灌水定额下各生育期的苜蓿株高（第一茬）　　　　　　单位：cm

毛管埋深/cm	灌水定额/(m³/hm²)	分枝初期	分枝盛期	孕蕾初期	孕蕾盛期	开花期
5	225	21.3[a]	34.3[i]	46.7[h]	50.7[i]	51[h]
	300	20.2[c]	39.1[d]	50.8[e]	57.1[f]	58.8[e]
	375	17.3[h]	37.6[f]	52[d]	61[d]	63[c]
10	225	20.4[bc]	36.1[g]	48.3[g]	52.8[g]	54.3[f]
	300	19.7[d]	43.2[c]	55.7[c]	61.3[c]	62.8[c]
	375	18.3[g]	44.1[b]	59.4[b]	66.2[b]	68.4[a]
20	225	19.3[e]	35.7[h]	46.8[h]	51.6[h]	53.4[g]
	300	18.9[f]	38.5[e]	49.9[f]	57.9[e]	59.7[d]
	375	20.6[b]	44.7[a]	56.7[b]	63.4[b]	65.2[b]

注：不同的小写字母表示在 P<0.05 水平下差异显著，以下同。

表 4-21　　　　　　不同灌水定额下各生育期的苜蓿株高（第二茬）　　　　　　单位：cm

毛管埋深/cm	灌水定额/(m³/hm²)	分枝初期	分枝盛期	孕蕾初期	孕蕾盛期	开花期
5	225	21[g]	29.7[h]	33.6[i]	39.2[i]	40.8[i]
	300	23[f]	36.8[e]	41.8[f]	45.3[g]	46.8[g]
	375	25[d]	39[d]	43.4[e]	52.5[d]	53.5[d]
10	225	23[f]	33.3[g]	41.4[g]	46[f]	47.8[f]
	300	29[b]	44.6[a]	50.3[b]	53.8[c]	55.8[c]
	375	30.3[a]	43[b]	54.3[a]	60.8[a]	62.3[b]
20	225	24.7[e]	34.9[f]	38.2[h]	43.4[h]	44.2[h]
	300	22.8[f]	39.8[c]	44.5[d]	49.3[e]	50.4[e]
	375	26.5[c]	43.2[b]	49.8[c]	55.2[b]	56[b]

　　灌水定额和毛管埋深对各生育期苜蓿株高双因素方差分析（第一茬）和方差分析（第二茬）见表 4-22 和表 4-23。从表 4-22 和表 4-23 可以发现，在同一埋深条件下，灌水定额对除分枝期（初期、盛期）以外的第一茬苜蓿及除分枝初期以外的第二

茬苜蓿的各生育期均产生了显著影响。

表 4 - 22　　灌水定额和毛管埋深对各生育期苜蓿株高双因素方差分析（第一茬）

处理	分枝初期	分枝盛期	孕蕾初期	孕蕾盛期	开花期
灌水定额	0.896	6.88	15.036*	130.808**	197.142**
毛管埋深	0.014*	2.452	4.401	13.715*	21.715**
灌水定额、毛管埋深	262.894**	624.925**	457.341**	96.929**	73.006**

注：**表示非常显著（$P<0.01$），*表示显著（$P<0.05$），以下同。

表 4 - 23　　灌水定额和毛管埋深对各生育期苜蓿株高双因素方差分析（第二茬）

处理	分枝初期	分枝盛期	孕蕾初期	孕蕾盛期	开花期
灌水定额	3.495	23.713**	76.563**	202.461**	174.269**
毛管埋深	3.596	7.261*	46.069**	70.88**	70.84**
灌水定额、毛管埋深	563.21**	362.072**	143.789**	70.333**	78.243**

注：**表示非常显著（$P<0.01$），*表示显著（$P<0.05$），以下同。

2. 灌水定额对苜蓿茎粗的影响

灌水定额对苜蓿茎粗的影响如图 4 - 18 所示。从图 4 - 18 中可以看出，各毛管埋深条件下苜蓿茎粗的生长规律相似，灌水定额越高，苜蓿茎粗的生长速率越快。

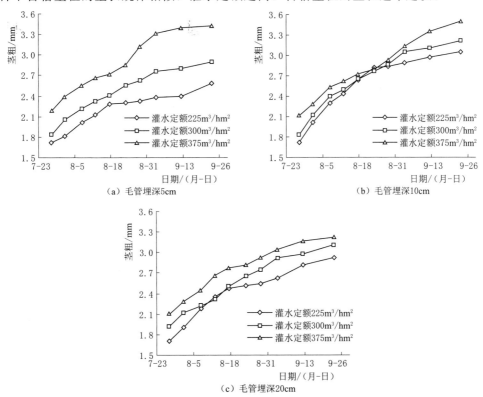

图 4 - 18　灌水定额对苜蓿茎粗的影响

不同灌水定额下各生育期的苜蓿茎粗见表 4-24。从表 4-24 可以看出，在同一埋深条件下，随着灌水定额的增加，苜蓿茎粗逐渐增加，其中灌水定额对毛管埋深 5cm 的苜蓿茎粗影响最为显著，而对毛管埋深 10cm 的茎粗影响最为微弱，在毛管埋深 5cm 条件下，不同灌水定额之间的苜蓿茎粗差异显著。

表 4-24　　　　　　　　　　不同灌水定额下各生育期的苜蓿茎粗　　　　　　　　单位：mm

毛管埋深 /cm	灌水定额 /(m³/hm²)	分枝初期	分枝盛期	孕蕾初期	孕蕾盛期	开花期
5	225	1.81^i	2.12^g	2.3^h	2.4^g	2.58^i
	300	2.05^f	2.32^f	2.56^f	2.8^f	2.89^h
	375	2.4^a	2.67^a	2.86^a	3.4^a	3.42^b
10	225	1.98^g	2.4^d	2.78^c	2.93^e	3.02^f
	300	2.09^e	2.45^c	2.73^d	3.07^c	3.18^d
	375	2.25^c	2.58^b	2.76^c	3.39^a	3.47^a
20	225	1.9^h	2.35^e	2.51^g	2.81^f	2.92^g
	300	2.13^d	2.31^f	2.65^e	2.98^d	3.11^e
	375	2.28^b	2.66^a	2.82^b	3.16^b	3.22^c

注：不同的小写字母表示在 $P<0.05$ 水平下差异显著，以下同。

3. 灌水定额对苜蓿叶绿素的影响

灌水定额对苜蓿叶绿素的影响如图 4-19 所示。不同灌水定额下各生育期的苜蓿叶绿素见表 4-25。从图 4-19、表 4-25 可以看出，在各毛管埋深条件下，375m³/hm² 灌水定额下的苜蓿在分枝期拥有较高的叶绿素值，在毛管埋深 5cm 条件下，375m³/hm² 灌水定额下的苜蓿分别比 225m³/hm²、300m³/hm² 灌水定额下的苜蓿叶绿素高出 11%、10.8%。毛管埋深 10cm 条件下，375m³/hm² 灌水定额下的苜蓿分别比 225m³/hm²、300m³/hm² 灌溉水平下的苜蓿叶绿素高出 5.2%、6.7%，在毛管埋深 20cm 条件下，375m³/hm² 灌水定额下的苜蓿分别比 225m³/hm²、300m³/hm² 灌水定额下的苜蓿叶绿素高出 1.7%、2.2%，可见随着毛管埋深的增加，不同灌水定额的苜蓿叶绿素值逐渐差异减小。

表 4-25　　　　　　　　　　不同灌水定额下各生育期的苜蓿叶绿素

毛管埋深 /cm	灌水定额 /(m³/hm²)	分枝初期	分枝盛期	孕蕾初期	孕蕾盛期	开花期
5	225	54.3^{bc}	52.6^g	60.6^b	52.6^h	52.1^e
	300	52.6^e	52.7^g	57.4^e	53.7^f	50.9^f
	375	54.3^{bc}	58.4^b	58.5^d	55.5^d	53.4^c

续表

毛管埋深 /cm	灌水定额 /(m³/hm²)	分枝初期	分枝盛期	孕蕾初期	孕蕾盛期	开花期
10	225	53.3^d	55.8^c	61.8^a	54.3^e	53.8^b
	300	54.2^c	55^d	58.6^{cd}	57^a	53.4^c
	375	55.3^a	58.7^a	58.8^c	56.1^c	55^a
20	225	55^a	54.3^e	55.8^f	53.2^g	51.9^e
	300	54.5^b	54^f	54.8^h	56.5^b	52.8^d
	375	52.3^e	55.2^d	55.3^g	55.4^d	52.7^d

注：不同的小写字母表示在 $P < 0.05$ 水平下差异显著，以下同。

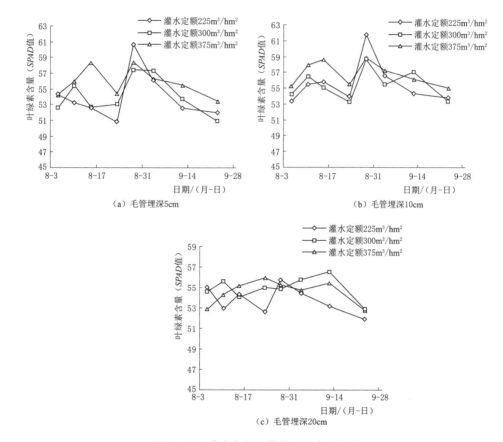

图 4-19　灌水定额对苜蓿叶绿素的影响

随着苜蓿生育期的推进，各灌水定额下的苜蓿叶绿素值迅速增加并在孕蕾初期达到最大，此时同一毛管埋深条件下，不同灌水定额的苜蓿叶绿素高低为 $225m^3/hm^2 >$ $375m^3/hm^2 > 300m^3/hm^2$。过了孕蕾期之后，各埋深条件下的叶绿素值趋于减小，其中在毛管埋深 5cm、10cm 条件下，各灌水定额叶绿素值大小为 $375m^3/hm^2 > 225m^3/$ $hm^2 > 300m^3/hm^2$，而在毛管埋深 20cm 条件下，大致为 $300m^3/hm^2 > 375m^3/hm^2 >$ $225m^3/hm^2$，可见在毛管埋深 5cm、10cm 条件下，$375m^3/hm^2$ 灌水定额可以使苜蓿生育期前期和后期保持较高的叶绿素值，而在毛管埋深20cm条件下，375m³/hm²灌水定额虽然能使苜蓿生育期前期保持较高的叶绿素值，但随着生育期的推进，特别是在孕蕾初期之后，300m³/hm²灌水定额下的叶绿素值逐渐超过375m³/hm²灌水定额下的叶绿素值。灌水定额和毛管埋深对各生育期苜蓿叶绿素双因素方差分析见表4-26。从表4-26可以看出，在同一埋深条件下，不同灌水定额对苜蓿叶绿素值的影响不显著。

表4-26　　　　　灌水定额和毛管埋深对各生育期苜蓿叶绿素双因素方差分析

处理	分枝初期	分枝盛期	孕蕾初期	孕蕾盛期	开花期
灌水定额	0.086	6.249	9.126*	7.898*	3.318
毛管埋深	0.099	2.039	29.029**	3.8	6.709
灌水定额、毛管埋深	229.651**	217.793**	66.617**	80.469**	54.834**

注：**表示非常显著（$P < 0.01$），*表示显著（$P < 0.05$），以下同。

4. 灌水定额对苜蓿茎叶比的影响

灌水定额对苜蓿茎叶比的影响如图4-20所示。不同灌水定额下各生育期的苜蓿茎叶比见表4-27。从图4-20、表4-27可以看出，在同一毛管埋深条件下，在苜蓿分枝期，当灌水定额由225m³/hm²提高到300m³/hm²、375m³/hm²，苜蓿茎叶比随之增加，进入孕蕾期后，375m³/hm²灌水定额下的苜蓿茎叶比逐渐降低，但基本仍高于225m³/hm²、300m³/hm²的茎叶比。

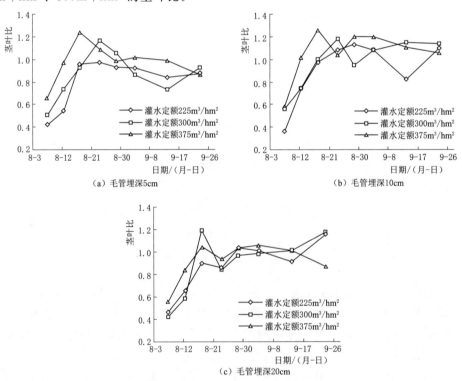

图4-20　灌水定额对苜蓿茎叶比的影响

表4-27　　　　　　　　　　　不同灌水定额下各生育期的苜蓿茎叶比

毛管埋深 /cm	灌水定额 /(m³/hm²)	分枝初期	分枝盛期	孕蕾初期	孕蕾盛期	开花期
5	225	0.42ᶠ	0.96ᵉ	0.93ᵍ	0.84ᵉ	0.87ᵍ
	300	0.5ᵈ	0.92ᶠ	1.06ᶜ	0.73ᶠ	0.92ᶠ
	375	0.65ᵃ	1.24ᵃ	0.98ᵉ	0.99ᶜ	1.22ᵃ
10	225	0.36ᵍ	0.97ᵉ	1.13ᵇ	0.82ᵉ	1.10ᵈ
	300	0.56ᵇᶜ	1ᵈ	0.95ᶠᵍ	1.15ᵃ	1.14ᶜ
	375	0.58ᵇ	1.25ᵃ	1.19ᵃ	1.11ᵇ	1.05ᵉ
20	225	0.46ᵉ	0.90ᶠ	1.03ᵈ	0.90ᵈ	1.16ᵇᶜ
	300	0.42ᶠ	1.19ᵇ	0.96ᵉᶠ	1.01ᶜ	1.17ᵇ
	375	0.55ᶜ	1.05ᶜ	1.03ᵈ	1.01ᶜ	0.86ᵍ

注：不同的小写字母表示在$P<0.05$水平下差异显著，以下同。

　　进入苜蓿开花期后，300m³/hm²灌水定额下的苜蓿茎叶比基本超过375m³/hm²的苜蓿茎叶比，但二者相差不大。在毛管埋深5cm、10cm条件下，375m³/hm²灌水定额下的苜蓿茎叶比在分枝盛期达到最大值，而300m³/hm²灌水定额下的苜蓿茎叶比在分枝末期达到最大值，225m³/hm²灌水定额下的苜蓿茎叶比在孕蕾初期达到最大值，可见在一定毛管埋深条件下，较高的灌水量有助于苜蓿茎叶比峰值的提前。在毛管埋深20cm，各处理的苜蓿茎叶比大多在苜蓿分枝期盛期到最大值，且各处理之间的苜蓿茎叶比差异小于毛管埋深5cm和毛管埋深10cm，可见当随着毛管埋设深度的增加，灌水定额对苜蓿茎叶比的影响趋于减弱。

5. 灌水定额对苜蓿产量的影响

　　不同灌水定额下的苜蓿鲜草产量及干草产量见表4-28。从表4-28可以看出，随着灌水定额的增加，苜蓿产量大幅提高，其中在毛管埋深5cm、20cm的条件下，225m³/hm²灌水定额下的苜蓿总鲜草产量与300m³/hm²灌水定额的苜蓿总鲜草产量差异显著，明显高于300m³/hm²灌水定额与375m³/hm²灌水定额之间的差异。而在毛管埋深10cm条件下，225m³/hm²与300m³/hm²之间的差异仍然显著，但低于300m³/hm²与375m³/hm²之间的差异。可见在毛管埋深5cm、20cm条件下，随着灌水定额的增加，苜蓿产量的增长幅度逐渐减小，而在毛管埋深10cm条件下，随着灌水定额的增加，苜蓿产量的增长幅度逐渐增大。从表4-28可以看出，苜蓿干草产量约为苜蓿鲜草产量的1/3，灌水与埋深对苜蓿干草产量的影响规律与对苜蓿鲜草产量的影响规律基本相似，这里不再赘述。

　　灌水定额和毛管埋深对苜蓿鲜草产量及干草产量双因素方差分析见表4-29。从表4-29中可以看出灌水定额对第一、第二茬苜蓿干鲜草产量的影响较为显著。

表 4-28 不同灌水定额下的苜蓿鲜草产量及干草产量

毛管埋深 /cm	灌水定额 /(m³/hm²)	鲜草产量/(t/hm²)			干草产量/(t/hm²)		
		第一茬	第二茬	总产量	第一茬	第二茬	总产量
5	225	11.74ʰ	10.46ᵍ	22.2ⁱ	4.07ʰ	3.66ⁱ	7.73ⁱ
	300	15.07ᵉ	14.09ᵈ	29.16ᶠ	4.75ᶠ	4.69ᶠ	9.44ᶠ
	375	17.61ᵇ	16.07ᵇ	33.68ᵇ	5.67ᵈ	5.82ᵃ	11.49ᵇ
10	225	13.47ᶠ	11.45ᵉ	24.92ᵍ	4.77ᶠ	4.16ᵍ	8.93ᵍ
	300	16.28ᶜ	14.53ᶜ	30.81ᵈ	5.73ᶜ	5.13ᵈ	10.86ᵈ
	375	20.41ᵃ	17.5ᵃ	37.91ᵃ	7.01ᵃ	6.13ᶜ	13.14ᵃ
20	225	12.41ᵍ	10.79ᶠ	23.2ʰ	4.5ᵍ	3.8ʰ	8.3ʰ
	300	15.76ᵈ	14.75ᶜ	30.51ᵉ	5.52ᵈ	5.53ᵇ	11.05ᶜ
	375	17.44ᵇ	15.85ᵇ	33.29ᶜ	5.96ᵇ	4.85ᵉ	10.81ᵉ

注：不同的小写字母表示在 $P < 0.05$ 水平下差异显著，以下同。

表 4-29 灌水定额和毛管埋深对苜蓿鲜草产量及干草产量双因素方差分析

处理	鲜草产量/(t/hm²)			干草产量/(t/hm²)		
	第一茬	第二茬	总产量	第一茬	第二茬	总产量
灌水定额	63.7**	115.24**	83.23**	37.15**	8.78*	22.59**
毛管埋深	7.09*	3.27	5.48	12.04*	0.16	2.97
灌水定额、毛管埋深	49.27**	24.47**	142.85**	705.71**	2465.06**	4148.16**

注：**表示非常显著（$P < 0.01$），*表示显著（$P < 0.05$）。

4.2.2 毛管间距和灌水定额对苜蓿生长指标及产量的影响

4.2.2.1 毛管间距对苜蓿生长指标及产量的影响

1. 毛管间距对苜蓿株高的影响

毛管间距直接影响土壤水分，进而影响苜蓿生长状况，毛管间距过密虽然能将水分更均匀地灌入到农田中，但成本较高。毛管间距过大虽然可以节约成本，但灌水不均匀，势必对植株生长产生影响。毛管间距对苜蓿株高的影响如图 4-21 所示。

第一、第二茬苜蓿在不同毛管间距下各生育期的苜蓿株高见表 4-30 和表 4-31。从图 4-21、表 4-30、表 4-31 中可以看出，在苜蓿分枝期，间距对第一、第二茬苜蓿株高影响均不显著。进入孕蕾期后，在 225m³/hm² 灌水定额下，第一茬苜蓿毛管间距 60cm 的株高分别比毛管间距 30cm、毛管间距 90cm 的株高增长 3%、9.7%，第二茬苜蓿毛管间距 60cm 的株高比毛管间距 30cm 的降低 0.76%，比间距 90cm 的株高增长 9.5%。在 300m³/hm² 灌水定额下，第一茬苜蓿毛管间距 60cm 的株高分别比毛管间

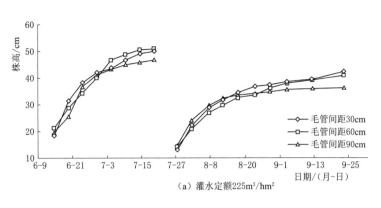

（a）灌水定额225m³/hm²

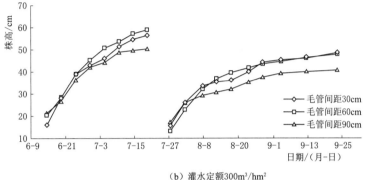

（b）灌水定额300m³/hm²

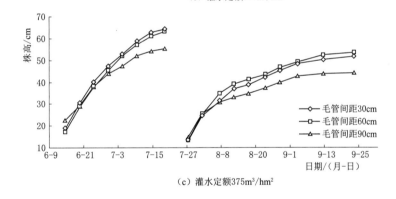

（c）灌水定额375m³/hm²

图 4 - 21 毛管间距对苜蓿株高的影响

距 30cm、毛管间距 90cm 的株高增长 3.5％、13.1％，第二茬苜蓿毛管间距 60cm 的株高分别比间距 30cm、毛管间距 90cm 的株高的增长 4.3％、15.1％。在 375m³/hm² 灌水定额下，第一茬苜蓿毛管间距 60cm 的株高比毛管间距 30cm 的株高降低 3.1％、比毛管间距 90cm 的株高增长 11.3％，第二茬苜蓿毛管间距 60cm 的株高分别比间距 30cm、毛管间距 90cm 的株高增长 4.1％、17％。当灌水定额从 225m³/hm² 提高到 300m³/hm²、375m³/hm² 时，各间距苜蓿株高之间的差异加大，但毛管间距 30cm 与毛管间距 60cm 之间的差异并不显著，远远低于毛管间距 30cm、60cm 与毛管间距 90cm 之间的差异。

表 4 - 30		不同毛管间距下各生育期的苜蓿株高（第一茬）				单位：cm
灌水定额 /(m³·hm²)	毛管间距 /cm	分枝初期	分枝盛期	孕蕾初期	孕蕾盛期	开花期
	30	18.2[g]	38.2[c]	43.6[h]	49.2[h]	50.1[g]
225	60	21.3[c]	34.3[g]	46.7[e]	50.7[f]	51[f]
	90	19.8[e]	36.7[e]	43.2[i]	45.8[i]	46.7[h]
	30	16.1[i]	39[b]	46[f]	54.8[d]	56.6[d]
300	60	20.2[d]	39.1[b]	50.8[c]	57.1[c]	58.8[c]
	90	21.6[b]	36.3[f]	44.2[g]	49.6[g]	50.2[g]
	30	18.7[f]	40.3[a]	52.8[a]	62.9[a]	64.2[a]
375	60	17.3[h]	37.6[d]	52[b]	61[b]	63[b]
	90	22.4[a]	38.2[c]	47.5[d]	54.1[e]	55.1[e]

注：不同的小写字母表示在 $P < 0.05$ 水平下差异显著，以下同。

表 4 - 31		不同毛管间距下的各生育期苜蓿株高（第二茬）				单位：cm
灌水定额 /(m³/hm²)	毛管间距 /cm	分枝初期	分枝盛期	孕蕾初期	孕蕾盛期	开花期
	30	22.2[f]	31.8[g]	36.8[e]	39.5[f]	42.3[f]
225	60	21[g]	29.7[i]	33.6[h]	39.2[g]	40.8[g]
	90	24[d]	32.3[f]	34[g]	35.8[h]	36.3[h]
	30	26[a]	35.2[d]	40[c]	46.2[c]	48.5[c]
300	60	23[e]	36.8[c]	41.8[b]	46.3[c]	47.8[d]
	90	26.2[a]	30.8[h]	35.3[f]	40[e]	40.6[g]
	30	25.3[b]	38[b]	43.2[b]	50.4[b]	52.8[b]
375	60	25[c]	39[a]	43.4[a]	52.5[a]	53.5[a]
	90	25.4[b]	33[e]	37.4[d]	43.6[d]	44.2[e]

　　毛管间距 30cm 与毛管间距 60cm 之间的苜蓿株高差异不大，毛管间距 60cm 的苜蓿株高甚至在某些情况下略高于毛管间距 30cm 的苜蓿株高，说明毛管间距 30cm 虽然能将水分更均匀地分布到土壤中，但与毛管间距 60cm 相比，毛管间距 30cm 并不能显著提高苜蓿高度。而毛管间距 90cm 的苜蓿株高则明显低于毛管间距 30cm、60cm，说明过宽的毛管间距势必影响苜蓿的生长，而过窄的毛管间距虽然能使水分更均匀，但对苜蓿的生长并没有明显的促进作用。第一、第二茬苜蓿灌水定额和毛管间距对各生育期苜蓿株高双因素方差分析见表 4 - 32 和表 4 - 33。由表 4 - 32、表 4 - 33 可以看出，毛管间距对第一、第二茬苜蓿整个生育期的影响并不显著。

　　2. 毛管间距对苜蓿茎粗的影响

　　毛管间距对苜蓿茎粗的影响如图 4 - 22 所示。从图 4 - 22 可以看出，各处理苜蓿茎粗随时间的变化大致相似，生育初期生长迅速，随着时间的推进，生长速率逐渐降低。

表 4-32　灌水定额和毛管间距对各生育期苜蓿株高双因素方差分析（第一茬）

处理	分枝初期	分枝盛期	孕蕾初期	孕蕾盛期	开花期
灌水定额	0.05	2.138	10.537*	36.774**	36.471**
毛管间距	2.537	2.342	6.195	15.858*	16.12*
灌水定额、毛管间距	459.899	234.079**	336.466**	280.276**	323.663**

注：** 表示非常显著（$P<0.01$），* 表示显著（$P<0.05$），以下同。

表 4-33　灌水定额和毛管间距对各生育期苜蓿株高双因素方差分析（第二茬）

处理	分枝初期	分枝盛期	孕蕾初期	孕蕾盛期	开花期
灌水定额	8.603*	3.445	8.231*	42.849**	54.547**
毛管间距	4.568	1.448	4.489	17.341*	35.423**
灌水定额、毛管间距	102.974**	753.387**	473.406**	237.639**	176.637**

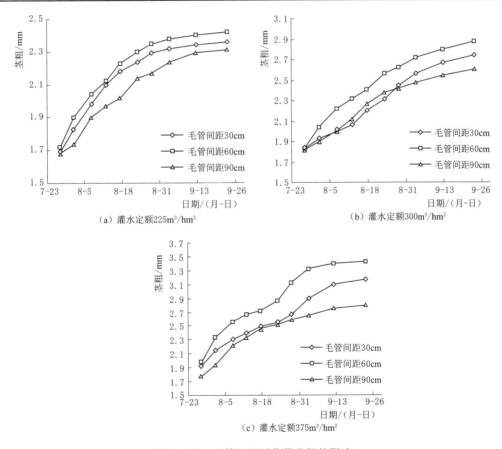

图 4-22　毛管间距对苜蓿茎粗的影响

不同毛管间距下各生育期的苜蓿茎粗见表 4-34。从表 4-34 中可以看出，在 $225m^3/hm^2$ 灌水定额下，不同间距对苜蓿的茎粗产生了显著的影响，其中间距 30cm 与间距 90cm 差异显著，而毛管间距 30cm 与毛管间距 60cm 的茎粗差异并不明显。当毛管间距由 30cm 增加到 60cm、90cm 时，苜蓿茎粗先增加后降低，说明适当增加毛管间距可以提高苜蓿茎粗。当灌水定额由 $225m^3/hm^2$ 提升到 $300m^3/hm^2$、$375m^3/hm^2$ 时，毛管间距 30cm 与毛管间距 60cm 的差异增大，毛管间距 60cm 与毛管间距 90cm 之间差异减小。在 $300m^3/hm^2$ 灌水定额下，进入孕蕾盛期之前，毛管间距 90cm 的茎粗略高于毛管间距 30cm 的茎粗，进入孕蕾盛期之后，毛管间距 30cm 的茎粗增长加快，超过毛管间距 90cm 的茎粗。在 $375m^3/hm^2$ 灌水定额下，毛管间距 30cm 的茎粗高于毛管间距 90cm 的茎粗，随着生育期的推进，二者之间的差异逐渐减小，至孕蕾盛期，二者之间的差异达到最小，进入孕蕾盛期之后，毛管间距 30cm 的茎粗生长加快，二者之间差异逐渐增大。

表 4-34　　　　　　　　不同毛管间距下各生育期的苜蓿茎粗分析　　　　　　单位：mm

灌水定额 /($m^3 \cdot hm^2$)	毛管间距 /cm	分枝初期	分枝盛期	孕蕾初期	孕蕾盛期	开花期
	30	1.83^f	2.1^d	2.24^f	2.34^h	2.36^h
225	60	1.9^e	2.12^d	2.3^e	2.4^g	2.42^g
	90	1.74^g	1.97^f	2.14^g	2.29^i	2.31^i
	30	1.93^d	2.06^e	2.31^d	2.67^e	2.74^e
300	60	2.05^c	2.32^d	2.56^b	2.8^c	2.88^c
	90	1.9^d	2.12^d	2.38^d	2.54^f	2.6^f
	30	2.14^b	2.39^b	2.55^b	3.1^b	3.17^b
375	60	2.34^a	2.67^a	2.86^a	3.4^a	3.42^a
	90	1.94^c	2.33^c	2.52^c	2.75^d	2.8^d

注：不同的小写字母表示在 $P<0.05$ 水平下差异显著，以下同。

灌水定额和毛管间距对各生育期苜蓿茎粗双因素方差分析见表 4-35。由表 4-35 可以看出，间距对苜蓿整个生育期的影响并不显著。

表 4-35　　　　　灌水定额和间距对各生育期苜蓿茎粗双因素茎粗分析　　　　单位：mm

处理	分枝初期	分枝盛期	孕蕾初期	孕蕾盛期	开花期
灌水定额	14.766*	20.253**	23.711**	21.457**	25.926**
毛管间距	8.212*	6.939	8.502*	4.526	5.043
灌水定额、毛管间距	71.019**	88.519**	76.162**	265.466**	233.736**

注：$**$ 表示非常显著（$P<0.01$），$*$ 表示显著（$P<0.05$）。

3. 毛管间距对苜蓿叶绿素的影响

毛管间距对苜蓿叶绿素含量的影响如图 4-23 所示。从图 4-23 可以看出，相同灌水定额下，各毛管间距下的叶绿素值随时间的变化大致相似，苜蓿叶绿素含量在分枝期迅速增加，并在分枝盛期达到最大值。盛期过后，叶绿素含量迅速减小，进入孕蕾期后，苜蓿叶绿素含量迅速增大并在孕蕾初期达到最大值，孕蕾期过后，苜蓿叶绿素含量逐渐减小。从总体上说，苜蓿叶绿素含量随时间的变化大致呈现出了先升高后降低再升高再降低的趋势。

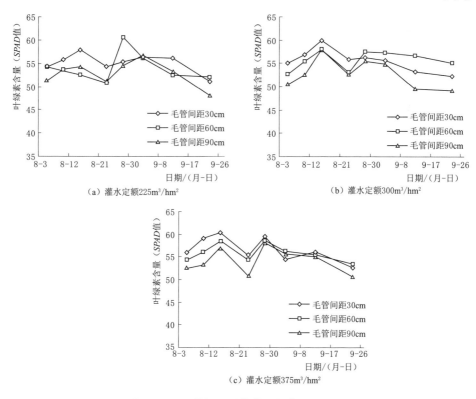

图 4-23　毛管间距对苜蓿叶绿素含量的影响

不同毛管间距下的各生育期苜蓿叶绿素见表 4-36。从图 4-23 和表 4-36 中可以看出，在苜蓿分枝期，在 $300\text{m}^3/\text{hm}^2$、$375\text{m}^3/\text{hm}^2$ 灌水定额下，各毛管间距条件下苜蓿叶绿素含量高低为毛管间距 30cm＞毛管间距 60cm＞毛管间距 90cm，其中 $300\text{m}^3/\text{hm}^2$ 灌水定额下毛管间距 60cm 的叶绿素值与毛管间距 90cm 的叶绿素值之间的差异随着时间的推进逐渐减小，而在 $300\text{m}^3/\text{hm}^2$ 灌水定额下，苜蓿叶绿素含量高低大多为毛管间距 30cm＞毛管间距 90cm＞毛管间距 60cm。进入孕蕾期后，苜蓿生长速度加快，各毛管间距下的叶绿素含量迅速增加并在孕蕾初期达到最大，此时在 $225\text{m}^3/\text{hm}^2$、$300\text{m}^3/\text{hm}^2$ 灌水定额下，各毛管间距条件下苜蓿叶绿素含量高低为毛管间距 60cm＞毛管间距 30cm＞毛管间距 90cm，$375\text{m}^3/\text{hm}^2$ 灌水定额下，苜蓿叶绿素含量高低为毛管间距 30cm＞毛管间距 60cm＞毛管间距 90cm，随着灌水定额的提高，各毛管间距下的苜蓿叶绿素含量之间的差异逐渐减小。过了孕蕾初期后，随着生育期的推进，各毛管间距条件下的叶绿素含量逐渐降低，在 $225\text{m}^3/\text{hm}^2$、$375\text{m}^3/\text{hm}^2$ 灌水定额下，毛管间距 30cm 的叶绿素含量虽然在苜蓿生育期后期高于毛管间距 60cm、90cm 的叶绿素含量，但随着生育期的推进，毛管间距 60cm 的叶绿素含量逐渐超过毛管间距 30cm 的叶绿素含量，但二者差异不大。在 $300\text{m}^3/\text{hm}^2$ 灌水定额下，在苜蓿生育期后期，毛管间距 60cm 的叶绿素含量始终高于毛管间距 30cm 和毛管间距 90cm 的叶绿素含量。可见在 $225\text{m}^3/\text{hm}^2$、$375\text{m}^3/\text{hm}^2$ 灌水定额下，相比于其他毛管间距的叶绿素含量，毛管间距

30cm 的叶绿素含量在苜蓿分枝期、孕蕾期最高，随着生育期的推进，特别是开花期后，毛管间距 60cm 的叶绿素含量逐渐超过毛管间距 30cm 的叶绿素含量，但二者差异不显著。而在 300m³/hm² 灌水定额下，毛管间距 30cm 的叶绿素含量在苜蓿分枝期、孕蕾初期最高，孕蕾初期之后，毛管间距 60cm 的叶绿素含量超过毛管间距 30cm 的叶绿素含量，二者差异显著。

表 4 - 36　　　　　　　　　不同毛管间距下各生育期的苜蓿叶绿素含量

灌水定额 /(m³/hm²)	毛管间距 /cm	分枝初期	分枝盛期	孕蕾初期	孕蕾盛期	开花期
	30	54.1ᶜ	58ᵈ	55.4ᵍ	56.2ᵇ	51.0ᵉ
225	60	54.3ᶜ	52.6ʰ	60.6ᵃ	52.6ᶠ	52.1ᵈ
	90	51.2ᵉ	54.4ᵍ	54.5ʰ	53.3ᵉ	48.2ʰ
	30	55.1ᵇ	60ᵇ	56.3ᶠ	53.3ᵉ	52.3ᵈ
300	60	52.6ᵈ	57.7ᵉ	57.4ᵉ	56.7ᵃ	55ᵃ
	90	50.5ᶠ	57.8ᵈᵉ	55.4ᵍ	49.6ᵍ	49.2ᵍ
	30	55.8ᵃ	60.4ᵃ	59.4ᵇ	56.1ᵇ	52.7ᶜ
375	60	54.3ᶜ	58.4ᶜ	58.5ᶜ	55.5ᵇ	53.4ᵇ
	90	52.4ᵈ	57.2ᶠ	58.1ᵈ	55ᵈ	50.6ᶠ

注：不同的小写字母表示在 $P<0.05$ 水平下差异显著，以下同。

灌水定额和毛管间距对各生育期苜蓿叶绿素双因素方差分析见表 4 - 37。从表 4 - 37 可以看出，毛管间距对苜蓿孕蕾期影响不显著，对分枝期和开花期的影响非常显著。

表 4 - 37　　　　　灌水定额和毛管间距对各生育期苜蓿叶绿素双因素方差分析

处理	分枝初期	分枝盛期	孕蕾初期	孕蕾盛期	开花期
灌水定额	10.205*	11.85*	1.471	0.783	4.732
毛管间距	22.006**	9.207*	1.981	1.087	20.468**
灌水定额、毛管间距	52.712**	127.931**	361.048**	641.016**	76.294**

注：＊＊表示非常显著（$P<0.01$），＊表示显著（$P<0.05$），以下同。

4. 毛管间距对苜蓿茎叶比的影响

毛管间距对苜蓿茎叶比的影响如图 4 - 24 所示。从图 4 - 24 中可以看出，各灌水定额下不同毛管间距的苜蓿茎叶比随时间的变化大致相似，苜蓿在分枝期增长迅速，进入孕蕾期后，苜蓿茎叶比呈降低趋势，孕蕾盛期之后，茎叶比逐渐升高，从总体上说，苜蓿茎叶比呈增长趋势。

不同毛管间距下各生育期的苜蓿茎叶比见表 4 - 38。从图 4 - 24 和表 4 - 38 可以看出，225m³/hm² 灌水定额下，在苜蓿分初枝期，各间距茎叶比差异显著，其中毛管间距 90cm 的苜蓿茎叶比显著高于毛管间距 30cm、60cm 的苜蓿茎叶比，随着苜蓿生育期的推进，毛管间距 60cm 的苜蓿茎叶比增长迅速，逐渐超过毛管间距 90cm 的茎叶比并在

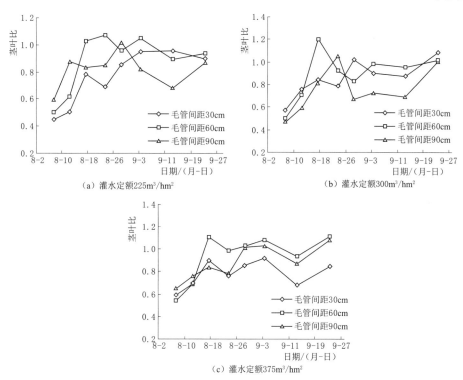

图 4-24　毛管间距对苜蓿茎叶比的影响

表 4-38　　　　　　　　　　　　不同毛管间距下各生育期的苜蓿茎叶比

灌水定额/(m³/hm²)	毛管间距/cm	分枝初期	分枝盛期	孕蕾初期	孕蕾盛期	开花期
225	30	0.45e	0.79f	0.85c	0.95a	0.89e
	60	0.5d	1.03c	0.96b	0.9b	0.94d
	90	0.59b	0.83e	1.02a	0.68d	0.87e
300	30	0.57b	0.84e	1.02a	0.87c	1.08b
	60	0.49d	1.2a	0.83d	0.95a	1.01c
	90	0.46e	0.83e	0.67e	0.69d	1.01c
375	30	0.59b	0.9d	0.86b	0.68d	0.85f
	60	0.54c	1.11b	1.03a	0.94a	1.11a
	90	0.65a	0.84e	1.02a	0.87bc	1.08b

注：不同的小写字母表示在 $P < 0.05$ 水平下差异显著，以下同。

苜蓿分枝盛期达到最高值，此时各毛管间距茎叶比高低为毛管间距 60cm＞毛管间距 90cm＞毛管间距 30cm，进入孕蕾期后，毛管间距 60cm 和毛管间距 90cm 的苜蓿茎叶比均呈现出不同程度的下降趋势，而毛管间距 30cm 的茎叶比增加迅速，并在孕蕾盛期超过毛管间距 60cm 的苜蓿茎叶比，但二者差异并不显著，孕蕾期过后，毛管间距 60cm 和毛管间距 90cm 的茎叶比逐渐增加而毛管间距 30cm 的茎叶比逐渐降低，此时各间距茎叶比大小为毛管间距60cm＞毛管间距30cm＞毛管间距90cm。300m³/hm² 灌水定额下，苜蓿茎叶比在分枝初期之间的差异不显著，随着生育期的推进，毛管间距60cm的苜蓿茎叶比增加迅速，与其他各毛管间距之间的差异逐渐增大并在分枝盛期达到最大，盛期过后，毛管间距60cm趋于降低，而毛管间距30cm和毛管间距90cm的苜蓿茎叶比趋于升高，各毛管间距茎叶比之间的差异逐渐减小，进入孕蕾期后，毛管间距60cm和毛管间距90cm的苜蓿茎叶比趋于下降而毛管间距30cm的茎叶比趋于升高并在孕蕾初期达到最大值，此时各毛管间距苜蓿茎叶比大小为毛管间距30cm＞毛管间距60cm＞毛管间距90cm，孕蕾初期过后，毛管间距30cm的茎叶比趋于减小而毛管间距60cm和毛管间距90cm的苜蓿茎叶比逐渐升高，随着时间的推进，各毛管间距苜蓿茎叶比之间的差异逐渐减小并在开花期达到最小，此时各毛管间距苜蓿茎叶比大小大多为毛管间距30cm＞毛管间距60cm＞毛管间距90cm。375m³/hm² 灌水定额下，苜蓿茎叶比在分枝初期之间的差距并不显著，随着生育期的推进，毛管间距60cm的苜蓿茎叶比增加迅速，与其他各毛管间距之间的差异逐渐增大并在分枝盛期达到最大，分枝盛期过后，毛管间距30cm的苜蓿茎叶比增加迅速并逐渐减小与毛管间距60cm的苜蓿茎叶比之间的差异，从孕蕾期到开花期，各毛管间距苜蓿茎叶比大小为毛管间距60cm＞毛管间距90cm＞毛管间距30cm，其中毛管间距60cm与毛管间距90cm之间的差异不显著，而毛管间距90cm与毛管间距30cm之间的差异非常显著。由此可见，在225m³/hm² 和300m³/hm² 灌水定额下，虽然各毛管间距苜蓿茎叶比在苜蓿生育期前中期差异显著，但随着生育期的推进，各毛管间距之间的差异逐渐减小，至开花期，各毛管间距之间差异达到最小。而在375m³/hm² 灌水定额下，随着苜蓿生育期的推进，各毛管间距茎叶比之间的差异逐渐增大，各毛管间距茎叶比大小始终为毛管间距60cm＞毛管间距90cm＞毛管间距30cm，其中毛管间距60cm与毛管间距90cm差异不显著，而毛管间距90cm与毛管间距30cm之间的差异非常显著。

灌水定额和毛管间距对各生育期苜蓿茎叶比双因素方差分析见表4-39。由表4-39可以看出，间距对分枝盛期影响显著以外，对其他各生育期影响均不显著。

表4-39　　　　灌水定额和毛管间距对各生育期苜蓿茎叶比双因素方差分析

处理	分枝初期	分枝盛期	孕蕾初期	孕蕾盛期	开花期
灌水定额	1.558	1.718	0.624	0.01	1.55
毛管间距	0.592	27.645**	0.04	1.495	0.48
灌水定额、毛管间距	57.764**	33.948**	299.422**	205.932**	121.711**

注：**表示非常显著（$P<0.01$），*表示显著（$P<0.05$），以下同。

5. 毛管间距对苜蓿产量的影响

不同毛管间距下的苜蓿鲜草产量及干草产量见表4-40。从表4-40可以看出，在同一灌水定额下，各毛管间距苜蓿总鲜草产量大小为毛管间距30cm＞毛管间距60cm＞毛管间距90cm，其中毛管间距30cm、60cm的苜蓿总鲜草产量显著高于毛管间距90cm

的苜蓿产量。在 $225m^3/hm^2$ 灌水定额下，毛管间距 30cm 的苜蓿产量比毛管间距 60cm 的苜蓿产量高出 9.5%，在 $300m^3/hm^2$ 灌水定额下，毛管间距 30cm 的苜蓿产量比毛管间距 60cm 的苜蓿产量高出 6.5%，在 $375m^3/hm^2$ 灌水定额下，毛管间距 30cm 的苜蓿产量比毛管间距 60cm 的苜蓿产量高出 3.9%，可见毛管间距 30cm 的苜蓿产量与毛管间距 60cm 的苜蓿产量之间的差异随着灌水定额的提高而逐渐减小。灌水定额和间距对苜蓿鲜草产量及干草产量双因素方差分析见表 4-41。由表 4-41 可知，灌水定额和毛管间距对第一、第二茬苜蓿鲜草产量及干草产量均产生了非常显著的影响。

表 4-40　　　　　　　　　　不同毛管间距下的苜蓿鲜草产量及干草产量

灌水定额 /(m³/hm²)	毛管间距 /cm	鲜草产量（t/hm²）			干草产量（t/hm²）		
		第一茬	第二茬	总产量	第一茬	第二茬	总产量
225	30	12.41[g]	11.89[f]	24.3[g]	4.1[g]	3.92[g]	8.02[f]
	60	11.74[h]	10.46[g]	22.2[h]	3.99[h]	3.56[h]	7.55[g]
	90	10.94[i]	8.81[h]	19.75[i]	3.61[i]	2.91[i]	6.52[h]
300	30	16.41[c]	14.64[c]	31.05[c]	5.25[c]	4.68[c]	9.94[c]
	60	15.07[e]	14.09[d]	29.16[e]	4.97[e]	4.65[d]	9.62[d]
	90	14.01[f]	12.49[e]	26.5[f]	4.9[f]	4.37[f]	9.28[e]
375	30	18.14[a]	16.84[a]	34.98[a]	6.17[a]	5.73[a]	11.89[a]
	60	17.61[b]	16.07[b]	33.68[b]	5.46[b]	4.98[b]	10.44[b]
	90	15.87[d]	14.2[d]	30.07[d]	5.08[d]	4.54[e]	9.26[e]

注：不同的小写字母表示在 $P<0.05$ 水平下差异显著，以下同。

表 4-41　　　　灌水定额和毛管间距对苜蓿鲜草产量及干草产量双因素方差分析

处理	鲜草产量（t/hm²）			干草产量（t/hm²）		
	第一茬	第二茬	总产量	第一茬	第二茬	总产量
灌水定额	246.719**	273.183**	1052.38**	46.179**	31.852**	30.624**
毛管间距	34.224**	67.772**	196.693**	6.629**	8.177**	7.369**
灌水定额、毛管间距	11.26**	9.469**	10.172**	598.916**	818.775**	3421.299**

注：** 表示非常显著（$P<0.01$），* 表示显著（$P<0.05$），以下同。

4.2.2.2 灌水定额对苜蓿生长指标及产量的影响

1. 灌水定额对苜蓿株高的影响

灌水定额对苜蓿株高的影响如图 4-25 所示。第一、第二茬苜蓿在不同灌水定额下各生育期的苜蓿株高见表 4-42 和表 4-43。从图 4-25、表 4-42、表 4-43 可以看出，第一、第二茬苜蓿在分枝期生长迅速，其中第一茬苜蓿不同灌水定额之间的株高差异并不显著，而对于第二茬苜蓿，分枝初期过后，毛管间距 30cm、60cm 条件下苜蓿不同灌水定额之间的株高差异随着生育期的推进而逐渐增大。进入孕蕾期后，苜蓿生长速度放缓，其中毛管间距 30cm 条件下第二茬苜蓿各灌水定额之间的株高差异显著小于其他各处理之间的差异。各毛管间距下的苜蓿株高随着灌水定额的增加而增加，但在毛管间距 30cm 条件下，灌水定额 300m³/hm² 的第二茬苜蓿株高与灌水定额 375m³/hm² 的第二茬苜蓿株高之间的差异并不显著。

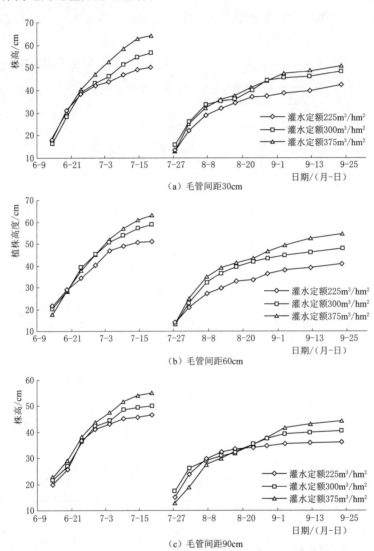

图 4-25 灌水定额对苜蓿株高的影响

表 4-42　　　　　不同灌水定额下各生育期的苜蓿株高（第一茬）　　　　单位：cm

毛管间距/cm	灌水定额/(m³/hm²)	分枝初期	分枝盛期	孕蕾初期	孕蕾盛期	开花期
30	225	18.2[g]	38.2[c]	43.6[h]	49.2[h]	50.1[g]
	300	16.1[i]	39[b]	46[f]	54.8[d]	56.6[d]
	375	18.7[f]	40.3[a]	52.8[a]	62.9[a]	64.2[a]

续表

毛管间距/cm	灌水定额/(m³/hm²)	分枝初期	分枝盛期	孕蕾初期	孕蕾盛期	开花期
60	225	21.3^c	34.3^g	46.7^e	50.7^f	51^f
	300	20.2^d	39.1^b	50.8^c	57.1^c	58.8^c
	375	17.3^h	37.6^d	52^b	61^b	63^b
90	225	19.8^e	36.7^e	43.2^i	45.8^i	46.7^h
	300	21.6^b	36.3^f	44.2^g	49.6^g	50.2^g
	375	22.4^a	38.2^c	47.5^d	54.1^e	55.1^e

注：不同的小写字母表示在 $P<0.05$ 水平下差异显著，以下同。

表 4-43　　　　　　　不同灌水定额下各生育期的苜蓿株高（第二茬）　　　　　单位：cm

毛管间距/cm	灌水定额/(m³/hm²)	分枝初期	分枝盛期	孕蕾初期	孕蕾盛期	开花期
30	225	22.2^f	31.8^g	36.8^e	39.5^f	42.3^f
	300	26^a	35.2^d	40^c	46.2^c	48.5^c
	375	25.3^b	38^b	43.2^a	50.4^b	52.8^b
60	225	21^g	29.7^i	33.6^h	39.2^g	40.8^g
	300	23^e	36.8^c	41.8^b	46.3^c	47.8^d
	375	25^c	39^a	43.4^a	52.5^a	53.5^a
90	225	24^d	32.3^f	34^g	35.8^h	36.3^h
	300	26.2^a	30.8^h	35.3^f	40^e	40.6^g
	375	25.4^b	33^e	37.4^d	43.6^d	44.2^e

　　第一、第二茬苜蓿灌水定额和毛管间距对各生育期苜蓿株高双因素方差分析见表4-44和表4-45。从表4-44和表4-45可以发现，在同一埋深条件下，灌水定额对除分枝期（初期、盛期）以外的第一茬苜蓿及除分枝初期以外的第二茬苜蓿的各生育期株高均产生了显著的影响。

表 4-44　　灌水定额和毛管间距对各生育期苜蓿株高双因素方差分析（第一茬）

处理	分枝初期	分枝盛期	孕蕾初期	孕蕾盛期	开花期
灌水定额	0.05	2.138	10.537*	36.774**	36.471**
毛管间距	2.537	2.342	6.195	15.858*	16.12*
灌水定额、毛管间距	459.899	234.079**	336.466**	280.276**	323.663**

注：** 表示非常显著（$P<0.01$），* 表示显著（$P<0.05$），以下同。

表 4-45　　灌水定额和毛管间距对各生育期苜蓿株高双因素方差分析（第二茬）

处理	分枝初期	分枝盛期	孕蕾初期	孕蕾盛期	开花期
灌水定额	8.603*	3.445	8.231*	42.849**	54.547**
毛管间距	4.568	1.448	4.489	17.341*	35.423**
灌水定额、毛管间距	102.974**	753.387**	473.406**	237.639**	176.637**

注：** 表示非常显著（$P<0.01$），* 表示显著（$P<0.05$），以下同。

2. 灌水定额对苜蓿茎粗的影响

灌水定额对苜蓿茎粗的影响如图4-26所示。不同灌水定额下各生育期的苜蓿茎粗见表4-46。从图4-26、表4-46可以看出，在同一毛管埋设间距条件下，随着灌水定额的增加，苜蓿茎粗逐渐增加。在埋设间距30cm条件下，在孕蕾初期以前，灌水定额225m³/hm²的苜蓿茎粗与灌水定额300m³/hm²的苜蓿茎粗之间的差异并不显著，孕蕾初期之后，二者之间的差异逐渐增加。

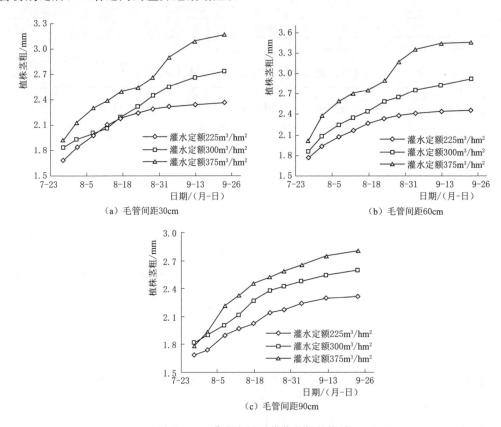

图4-26 灌水定额对苜蓿茎粗的影响

表4-46 不同灌水定额下各生育期的苜蓿茎粗 单位：mm

毛管间距/cm	灌水定额/(m³/hm²)	分枝初期	分枝盛期	孕蕾初期	孕蕾盛期	开花期
30	225	1.83[f]	2.1[d]	2.24[f]	2.34[h]	2.36[h]
	300	1.93[d]	2.06[e]	2.31[e]	2.67[e]	2.74[e]
	375	1.9[d]	2.12[d]	2.38[d]	2.54[f]	2.6[f]
60	225	1.9[e]	2.12[d]	2.3[e]	2.4[g]	2.42[g]
	300	2.05[c]	2.32[c]	2.56[b]	2.8[c]	2.88[c]
	375	2.34[a]	2.67[a]	2.86[a]	3.4[a]	3.42[a]

续表

毛管间距 /cm	灌水定额 /(m³/hm²)	分枝初期	分枝盛期	孕蕾初期	孕蕾盛期	开花期
	225	1.74^g	1.97^f	2.14^g	2.29^i	2.31^i
90	300	1.9^d	2.12^d	2.38^d	2.54^f	2.6^f
	375	1.94^d	2.33^c	2.52^c	2.75^d	2.8^d

注：不同的小写字母表示在 $P < 0.05$ 水平下差异显著，以下同。

灌水定额和毛管间距对各生育期苜蓿双因素茎粗分析见表 4-47。由表 4-47 可以看出，灌水定额对苜蓿全生育期茎粗的影响非常显著。

表 4-47　　　　　　灌水定额和间距对各生育期苜蓿茎粗双因素茎粗分析

处理	分枝初期	分枝盛期	孕蕾初期	孕蕾盛期	开花期
灌水定额	14.766*	20.253**	23.711**	21.457**	25.926**
毛管间距	8.212*	6.939	8.502*	4.526	5.043
灌水定额、毛管间距	71.019**	88.519**	76.162**	265.466**	233.736**

注：$**$ 表示非常显著（$P < 0.01$），$*$ 表示显著（$P < 0.05$）。

3. 灌水定额对苜蓿叶绿素的影响

灌水定额对苜蓿叶绿素含量的影响如图 4-27 所示。不同灌水定额下各生育期的苜蓿叶绿素含量见表 4-48。从图 4-27、表 4-48 可以看出，苜蓿分枝期，在毛管间距 30cm、60cm 条件下，各灌水定额下的叶绿素含量高低基本为 375m³/hm² > 300m³/hm² > 225m³/hm²，其中 375m³/hm² 与 300m³/hm² 之间的差异并不显著。而在毛管间距 90cm 下，在苜蓿分枝盛期之前，随着生育期的推进，苜蓿叶绿素含量迅速增加，225m³/hm² 灌水定额下的苜蓿叶绿素值增长缓慢，与其他灌水定额下的叶绿素值之间的差异逐渐加大，并在分枝盛期达到最大值，此时各灌水定额叶绿素高低为 300m³/hm² > 375m³/hm² > 225m³/hm²。灌水定额和毛管间距对各生育期苜蓿叶绿素双因素方差分析见表 4-49。从表 4-49 可以看出，在同一毛管间距条件下，灌水定额对叶绿素含量的影响并不显著。

表 4-48　　　　　　　　不同灌水定额下各生育期的苜蓿叶绿素含量

毛管间距 /cm	灌水定额 /(m³/hm²)	分枝初期	分枝盛期	孕蕾初期	孕蕾盛期	开花期
	225	54.1^c	58^d	55.4^g	56.2^b	51.0^e
30	300	55.1^b	60^b	56.3^f	53.3^e	52.3^d
	375	55.8^a	60.4^a	59.4^b	56.1^a	52.7^c
	225	54.3^c	52.6^h	60.6^a	52.6^f	52.1^d
60	300	52.6^d	57.7^e	57.4^e	56.7^a	55^a
	375	54.3^c	58.4^c	58.5^c	55.5^c	53.4^b

续表

毛管间距 /cm	灌水定额 /(m³/hm²)	分枝初期	分枝盛期	孕蕾初期	孕蕾盛期	开花期
90	225	51.2ᵉ	54.4ᵍ	54.5ʰ	53.3ᵉ	48.2ʰ
	300	50.5ᶠ	57.8ᵈᵉ	55.4ᵍ	49.6ᵍ	49.2ᵍ
	375	52.4ᵈ	57.2ᶠ	58.1ᵈ	55ᵈ	50.6ᶠ

注：不同的小写字母表示在 $P<0.05$ 水平下差异显著，以下同。

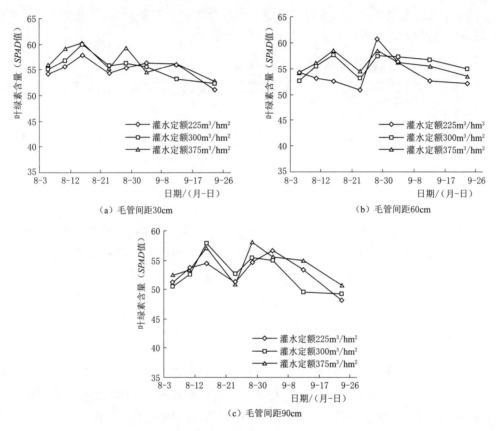

图 4-27 灌水定额对苜蓿叶绿素含量的影响

表 4-49 灌水定额和毛管间距对各生育期苜蓿叶绿素双因素方差分析

处理	分枝初期	分枝盛期	孕蕾初期	孕蕾盛期	开花期
灌水定额	10.205*	11.85*	1.471	0.783	4.732
毛管间距	22.006**	9.207*	1.981	1.087	20.468**
灌水定额、毛管间距	52.712**	127.931**	361.048**	641.016**	76.294**

注：**表示非常显著（$P<0.01$），*表示显著（$P<0.05$），以下同。

分枝盛期之后，各灌水定额下的叶绿素含量逐渐减小，其中 225m³/hm² 与 375m³/hm² 之间的差异逐渐减小，此时叶绿素含量高低为 300m³/hm² > 225m³/hm² > 375m³/hm²。进入孕蕾期后，苜蓿叶绿素含量迅速增加并在孕蕾初期达到最大，此时在毛管间距 30cm、

90cm 条件下，各灌水定额叶绿素高低为 $375m^3/hm^2 > 300m^3/hm^2 > 225m^3/hm^2$，在毛管间距 60cm 条件下，叶绿素含量高低为 $225m^3/hm^2 > 375m^3/hm^2 > 300m^3/hm^2$。孕蕾初期过后，各灌水定额下的叶绿素含量随着时间的推进趋于降低，在毛管间距 30cm、90cm 条件下，$375m^3/hm^2$ 灌水定额下的苜蓿叶绿素含量在苜蓿生育期中后期始终高于 $225m^3/hm^2$、$300m^3/hm^2$ 灌水定额下的叶绿素含量，但在毛管间距 30cm 条件下，$375m^3/hm^2$ 灌水定额下的苜蓿叶绿素含量与 $225m^3/hm^2$、$300m^3/hm^2$ 灌水定额之间的差异不显著。而在毛管间距 60cm 条件下，$300m^3/hm^2$ 灌水定额下的苜蓿叶绿素含量在苜蓿生育期中后期始终高于 $225m^3/hm^2$、$375m^3/hm^2$ 灌水定额下的叶绿素含量，各灌水定额下的苜蓿叶绿素含量差异显著。可见在毛管间距 30cm、90cm 条件下，$375m^3/hm^2$ 灌水定额下的苜蓿叶绿素含量最高，而在毛管间距 60cm 条件下，$375m^3/hm^2$ 灌水定额下的苜蓿叶绿素含量在苜蓿生育期前中期最高，但随着生育期的推进，$300m^3/hm^2$ 灌水定额下的苜蓿叶绿素含量逐渐超过 $375m^3/hm^2$ 灌水定额的苜蓿叶绿素含量。

4. 灌水定额对苜蓿茎叶比的影响

灌水定额对苜蓿茎叶比的影响如图 4-28 所示。不同灌水定额下各生育期的苜蓿茎叶比见表 4-50。从图 4-28、表 4-50 可以看出，各处理苜蓿茎叶比随着生育期的推进总体呈现出了上升的趋势。灌水定额和间距对各生育期苜蓿茎叶比双因素分析见表 4-51。从表 4-51 可以看出，灌水定额对苜蓿全生育期的影响并不显著。

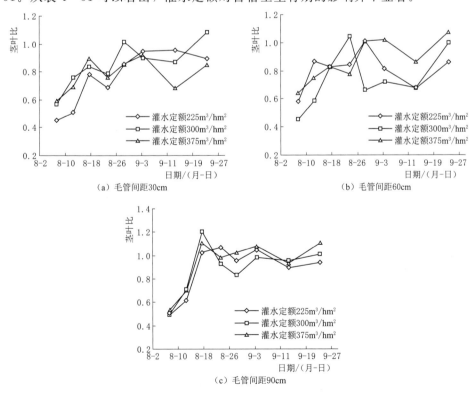

图 4-28　灌水定额对苜蓿茎叶比的影响

表 4-50　　　　　　　　不同灌水定额下各生育期的苜蓿茎叶比

毛管间距/cm	灌水定额/(m³/hm²)	分枝初期	分枝盛期	孕蕾初期	孕蕾盛期	开花期
30	225	0.45ᵉ	0.79ᶠ	0.85ᶜ	0.95ᵃ	0.89ᵉ
	300	0.57ᵇ	0.84ᵉ	1.02ᵃ	0.87ᶜ	1.08ᵇ
	375	0.59ᵇ	0.9ᵈ	0.86ᶜ	0.68ᵈ	0.85ᶠ
60	225	0.5ᵈ	1.03ᶜ	0.96ᵇ	0.9ᵇ	0.94ᵈ
	300	0.49ᵈ	1.2ᵃ	0.83ᵈ	0.95ᵃ	1.01ᶜ
	375	0.54ᶜ	1.11ᵇ	1.03ᵃ	0.94ᵃ	1.11ᵃ
90	225	0.59ᵇ	0.83ᵉ	1.02ᵃ	0.68ᵈ	0.87ᵉ
	300	0.46ᵉ	0.83ᵉ	0.67ᵉ	0.69ᵈ	1.01ᶜ
	375	0.65ᵃ	0.84ᵉ	1.02ᵃ	0.87ᵇᶜ	1.08ᵇ

注：不同的小写字母表示在 $P<0.05$ 水平下差异显著，以下同。

表 4-51　　　　灌水定额和毛管间距对各生育期苜蓿茎叶比双因素方差分析

处理	分枝初期	分枝盛期	孕蕾初期	孕蕾盛期	开花期
灌水定额	1.558	1.718	0.624	0.01	1.55
毛管间距	0.592	27.645**	0.04	1.495	0.48
灌水定额、毛管间距	57.764**	33.948**	299.422**	205.932**	121.711**

注：＊＊表示非常显著（$P<0.01$），＊表示显著（$P<0.05$），以下同。

　　毛管间距 30cm 条件下，灌水定额 375m³/hm² 的苜蓿茎叶比值在苜蓿分枝期最高，分枝期过后，灌水定额 300m³/hm² 的苜蓿茎叶比值上升迅速并在后期保持较高的茎叶比值。毛管间距 60cm 条件下，在苜蓿分枝期，各灌水定额下的茎叶比值之间的差异随着时间的推进逐渐减小并在分枝盛期达到最小，盛期过后，各灌水定额的苜蓿茎叶比值均呈现出了不同程度的增长，而在苜蓿孕蕾期及开花期，灌水定额 375m³/hm² 的苜蓿茎叶比值最高。毛管间距 90cm 条件下，在苜蓿分枝期，各灌水定额下的茎叶比值之间的差异不显著，以灌水定额 375m³/hm² 的苜蓿茎叶比值最高，分枝盛期之后，各灌水定额下的苜蓿茎叶比值均呈现出了下降的趋势，灌水定额 375m³/hm² 的苜蓿茎叶比值在生育期中后期保持最高，但各灌水定额茎叶比值之间的差异并不显著。

　　5. 灌水定额对苜蓿产量的影响

　　不同灌水定额下的苜蓿鲜草产量及干草产量见表 4-52。从表 4-52 可以看出，在同一毛管间距条件下，225m³/hm² 灌水定额的苜蓿总鲜草产量与 300m³/hm² 灌水定额的苜蓿总鲜草产量差异显著，远高于 300m³/hm² 与 375m³/hm² 之间的差异，在毛管间距 30cm 条件下，300m³/hm² 灌水定额的苜蓿产量比 225m³/hm² 灌水定额的苜蓿产量高出 27.78%，在毛管间距 60cm 条件下，300m³/hm² 灌水定额的苜蓿产量比 225m³/hm² 灌水定额的苜蓿产量高出 31.35%，在间距 90cm 条件下，300m³/hm² 灌水定额的苜蓿产量比 225m³/hm² 灌水定额的苜蓿产量高出 34.18%，可见随着毛管间距的增加，

$300\text{m}^3/\text{hm}^2$ 灌水定额下的苜蓿产量与 $225\text{m}^3/\text{hm}^2$ 灌水定额下的苜蓿产量之间的差异逐渐增大。苜蓿干草产量约为苜蓿鲜草产量的 33%，灌水定对苜蓿干草产量的影响规律与对苜蓿鲜草产量的影响规律基本相似，这里不再赘述。

表 4-52　　　　　　　　　不同灌水定额下的苜蓿鲜草产量及干草产量

毛管间距 /cm	灌水定额 /(m³/hm²)	鲜草产量（t/hm²）			干草产量（t/hm²）		
		第一茬	第二茬	总产量	第一茬	第二茬	总产量
30	225	12.41[g]	11.89[f]	24.3[g]	4.1[g]	3.92[g]	8.02[f]
	300	16.41[c]	14.64[c]	31.05[c]	5.25[c]	4.68[c]	9.94[c]
	375	18.14[a]	16.84[a]	34.98[a]	6.17[a]	5.73[a]	11.89[a]
60	225	11.74[h]	10.46[g]	22.2[h]	3.99[h]	3.56[h]	7.55[g]
	300	15.07[e]	14.09[d]	29.16[e]	4.97[e]	4.65[d]	9.62[d]
	375	17.61[b]	16.07[b]	33.68[b]	5.46[b]	4.98[b]	10.44[b]
90	225	10.94[i]	8.81[h]	19.75[i]	3.61[i]	2.91[i]	6.52[h]
	300	14.01[f]	12.49[e]	26.5[f]	4.9[f]	4.37[f]	9.28[e]
	375	15.87[d]	14.2[d]	30.07[d]	5.08[d]	4.54[e]	9.26[e]

注：不同的小写字母表示在 $P<0.05$ 水平下差异显著，以下同。

灌水定额和毛管间距对苜蓿鲜草产量及干草产量双因素方差分析见表 4-53。从表 4-53 可以看出，灌水定额对苜蓿总鲜草产量的影响较间距更为显著，随着灌水定额的提高，苜蓿总鲜草产量逐渐增加。

表 4-53　　　灌水定额和毛管间距对苜蓿鲜草产量及干草产量双因素方差分析

处理	鲜草产量/(t/hm²)			干草产量/(t/hm²)		
	第一茬	第二茬	总产量	第一茬	第二茬	总产量
灌水定额	246.719**	273.183**	1052.38**	46.179**	31.852**	30.624**
毛管间距	34.224**	67.772**	196.693**	6.629**	8.177**	7.369**
灌水定额、毛管间距	11.26**	9.469**	10.172**	598.916**	818.775**	3421.299**

注：**表示非常显著（$P<0.01$），*表示显著（$P<0.05$），以下同。

4.3　毛管布设方式和灌水定额对苜蓿耗水规律及水分利用效率的影响

4.3.1　毛管埋深和灌水定额对苜蓿耗水规律及水分利用效率的影响

4.3.1.1　毛管埋深对苜蓿耗水规律及水分利用效率的影响

1. 毛管埋深对苜蓿耗水量的影响

作物耗水量是指作物在任意土壤水肥条件下所消耗的棵间蒸发、植株蒸腾及植物体本身所含水量之和。影响作物耗水量的因素很多，苜蓿各生育期的耗水量除与各生育期的时长有关外还和苜蓿本身的耗水能力及外界气候等因素有关。研究苜蓿耗水量对于确定苜蓿灌溉制度具有重要意义，本书主要通过水量平衡方程计算得到苜蓿的耗水量，水量平衡方程的计算公式为

$$ET = \Delta W + W_r + P_0 + K + M \qquad (4-7)$$

式中　　ET——作物的耗水量，mm；

$\quad\quad \Delta W$——任一时间段土壤计划湿润层内储水量的变化，mm；

$\quad\quad W_r$——因为计划湿润层增加而增加的水量，mm；

$\quad\quad P_0$——有效降雨量，mm；

$\quad\quad K$——地下水的补给量，mm；

$\quad\quad M$——灌溉水量，mm。

此处主要通过第二茬苜蓿含水率的数据来分析苜蓿耗水规律。依据第二茬苜蓿生育期内不同处理下的土壤含水率，计算得到不同埋深下的苜蓿耗水量，见表4-54。

表4-54　　　　　　　　　**不同毛管埋深下苜蓿各生育期耗水量**　　　　　　　　单位：mm

灌水定额 /(m³/hm²)	毛管埋深 /cm	分枝初期	分枝盛期	孕蕾初期	孕蕾盛期	开花期	全生育期
225	5	48.25	34.16	45.45	46.07	12.89	186.82
	10	42.48	41.77	48.27	42.5	11.1	186.12
	20	49.78	46.77	44.68	36.46	8.08	185.77
300	5	57.03	36.97	53.08	56.98	12.69	216.75
	10	53.82	52.22	54.74	57.8	12.6	231.18
	20	55.75	53.12	39.11	49.22	8.31	205.51
375	5	68.5	43	58.66	67.48	13.49	251.13
	10	65.3	51.14	59.17	65.81	12.66	254.08
	20	64.27	59.21	57.5	69.79	14.64	265.41

苜蓿各生育期的耗水量除与各生育期的时长有关外还和苜蓿本身的耗水能力及外界气候等因素有关，从表4-53可以看出各处理下苜蓿生育期耗水量的变化规律大致相似，大体呈现出了先减小再升高再减小的趋势，其中分枝初期、孕蕾盛期耗水最多，分枝盛期、孕蕾初期次之，开花期耗水最少，说明分枝初期和孕蕾盛期是苜蓿最为重要的两个需水关键期，苜蓿分枝初期耗水量最高的处理为毛管埋深5cm灌水定额375m³/hm²的组合，最低耗水量处理为毛管埋深10cm灌水定额225m³/hm²的组合；分枝盛期最高耗水量处理为毛管埋深20cm灌水定额375m³/hm²，最低耗水处理为毛管埋深5cm灌水定额225m³/hm²的组合；孕蕾初期最高耗水处理为毛管埋深10cm灌水定额375m³/hm²组合，最低耗水处理为毛管埋深20cm灌水定额300m³/hm²组合；孕蕾盛期最高耗水处理为毛管埋深20cm灌水定额375m³/hm²组合，最低耗水处理为毛管埋深20cm灌水定额225m³/hm²的组合；开花期最高耗水处理为毛管埋深20cm灌水定额

375m³/hm² 组合，最低耗水处理为毛管埋深 20cm 灌水定额 225m³/hm² 的组合。在 225m³/hm² 灌水定额下，不同毛管埋深对苜蓿全生育期耗水并没有产生显著的差异。在 300m³/hm² 灌水定额下，各毛管埋深下的苜蓿全生育期耗水量从大到小为毛管埋深 10cm >毛管埋深 5cm>毛管埋深 20cm。而在 375m³/hm² 灌水定额下，各埋深下的苜蓿全生育期耗水量大小为毛管埋深 20cm>毛管埋深 10cm>毛管埋深 5cm，其中毛管埋深 5cm 和毛管埋深 10cm 的苜蓿耗水量分别为 251.13mm、254.08mm，二者之间的差异并不显著。

2. 毛管埋深对苜蓿耗水强度及耗水模数的影响

苜蓿的耗水强度是指一天内单位面积的苜蓿所消耗的水量，苜蓿耗水强度是求出苜蓿需水量的关键，知道苜蓿的耗水强度就能得到苜蓿的需水量，而苜蓿的需水量是制定苜蓿灌溉制度的重要依据，因此研究苜蓿耗水强度具有很重要的意义。依据苜蓿第二茬生育期内不同处理下的土壤含水率，计算得到不同毛管埋深和灌水定额下的苜蓿耗水强度和耗水模数，见表 4-55 和表 4-56。

表 4-55　　　　　　　　　　不同毛管埋深下苜蓿各生育期日耗水强度　　　　　　　　单位：mm/d

灌水定额 /(m³/hm²)	毛管埋深 /cm	分枝初期	分枝盛期	孕蕾初期	孕蕾盛期	开花期	全生育期
225	5	3.45	2.44	3.03	3.07	2.58	2.91
	10	3.03	2.98	3.22	2.83	2.22	2.86
	20	3.56	3.34	2.98	2.43	1.62	2.78
300	5	4.07	2.64	3.54	3.80	2.54	3.32
	10	3.84	3.73	3.65	3.85	2.52	3.52
	20	3.98	3.79	2.61	3.28	1.66	3.07
375	5	4.89	3.07	3.91	4.50	2.70	3.81
	10	4.66	3.65	3.94	4.39	2.53	3.84
	20	4.59	4.23	3.83	4.65	2.93	4.05

表 4-56　　　　　　　　　　不同毛管埋深下苜蓿各生育期耗水模数　　　　　　　　　　%

灌水定额 /(m³/hm²)	毛管埋深 /cm	分枝初期	分枝盛期	孕蕾初期	孕蕾盛期	开花期
225	5	25.82	18.29	24.33	24.66	6.90
	10	22.82	22.44	25.93	22.83	5.96
	20	26.80	25.18	24.05	19.63	4.35
300	5	26.31	17.06	24.49	26.29	5.85
	10	23.28	22.59	23.68	25.00	5.45
	20	27.13	25.85	19.03	23.95	4.04
375	5	27.28	17.12	23.36	26.87	5.37
	10	25.70	20.13	23.29	25.90	4.98
	20	24.22	22.31	21.67	26.29	5.52

从表 4-55 我们可以看出，各处理苜蓿第二茬生育期内耗水强度的变化与耗水量的变化相似，在苜蓿分枝初期，苜蓿生长旺盛，各处理苜蓿耗水强度为 3.03～4.89mm/d，进入分枝盛期，苜蓿生长速度放缓，各处理苜蓿耗水强度为 2.44～4.23mm/d，进入孕蕾初期后，苜蓿进入生殖生长和营养生长并进的阶段，耗水强度增大，此时强度为 2.61～3.94mm/d，到达孕蕾盛期后，苜蓿主要以生殖生长为主，此时苜蓿达到第二个生长高峰，耗水强度为 2.43～4.65mm/d，开花期过后，气温降低，苜蓿生长发育逐渐放缓，耗水量减少，耗水强度为 1.62～2.93mm/d。在同一灌水定额条件下，毛管埋深对苜蓿耗水强度的影响并不显著，在苜蓿分枝盛期，各毛管埋深条件下苜蓿耗水强度大小为毛管埋深 20cm＞毛管埋深 10cm＞毛管埋深 5cm，其中毛管埋深 5cm 与毛管埋深 10cm 之间的耗水强度差异显著，而在苜蓿孕蕾初期，各毛管埋深条件下苜蓿耗水强度则为毛管埋深 10cm＞毛管埋深 5cm＞毛管埋深 20cm，对于苜蓿全生育期，毛管埋深 5cm 的平均耗水强度为 3.35mm/d，毛管埋深 10cm 的苜蓿平均耗水强度为 3.40mm/d，毛管埋深 20cm 的平均耗水强度为 3.30mm/d，各毛管埋深之间的差异并不显著。

耗水模数是指作物不同生育期的耗水量占作物生育期耗水总量的比例，是调控土壤水分、制定灌溉制度的重要依据，耗水模数主要由生育期时长和日耗水量决定。从表 4-55 可以看出，各处理分枝初期耗水模数为 22.82%～27.28%，分枝盛期耗水模数为 17.06%～25.85%，孕蕾初期为 19.03%～25.93%，孕蕾盛期为 19.63%～26.87%，开花期耗水模数最小，为 4.04%～6.90%，这主要由于开花期时间太短，且花期期间没有进行灌水，在大多数情况下，分枝初期、孕蕾盛期的耗水模数高于苜蓿其他各生育期，说明分枝初期、孕蕾盛期是苜蓿最为关键的两个生育期。埋深对苜蓿耗水模数的影响并不显著。

3. 毛管埋深和灌水定额对苜蓿水分利用效率的影响

水分利用效率是指单位面积的作物消耗单位水量所得到的经济产量，水分利用效率主要反映了作物产量和作物耗水量之间的关系，水分利用效率的高低主要由植物蒸腾作用和光合作用所决定，凡是能影响到作物光合作用和蒸腾作用的外界因素都能在一定程度上影响到作物的水分利用率。浅埋式滴灌是目前较为先进的节水灌溉技术，可以有效减少土壤水分渗漏及蒸发，进而大幅提高水分利用率。水分利用率可以表示为

$$WUE = \frac{Y}{ET} \tag{4-8}$$

式中 Y——作物产量，kg/hm^2；

ET——作物全生育期的耗水量，mm；

WUE——作物的水分利用效率，kg/m^3。

毛管埋深对苜蓿水分利用效率的影响见表 4-56。

从表 4-57 可以看出，在灌水定额 225m^3/hm^2、375m^3/hm^2，毛管埋深 10cm 的水分利用效率显著高于毛管埋深 5cm、毛管埋深 20cm 的水分利用效率，而在 300m^3/hm^2 灌水定额下，毛管埋深 20cm 的水分利用效率高于毛管埋深 5cm、毛管埋深 10cm 的水分

利用效率，但与毛管埋深 5cm 之间的差异并不显著。各处理中以毛管埋深 10cm 灌水定额 375m³/hm² 的水分利用效率最大，为 6.89kg/m³，毛管埋深 20cm 灌水定额 300m³/hm² 的水分利用效率次之，为 6.69kg/m³，而毛管埋深 5cm 灌水定额 225m³/hm²、毛管埋深 20cm 灌水定额 225m³/hm² 的水分利用效率相对较小，分别为 5.60kg/m³ 和 5.81kg/m³。

表 4-57　　　　　　　　毛管埋深对苜蓿水分利用效率的影响

灌水定额 /(m³/hm²)	毛管埋深 /cm	耗水量 /mm	产量 /(t/hm²)	水分利用效率 /(kg/m³)
225	5	186.82	10460	5.60[i]
	10	186.12	11450	6.15[f]
	20	185.78	10790	5.81[h]
300	5	216.75	14090	6.50[c]
	10	231.19	14530	6.28[e]
	20	205.50	13750	6.69[b]
375	5	251.13	16070	6.40[d]
	10	254.07	17500	6.89[a]
	20	265.41	15850	5.97[g]

4.3.1.2　灌水定额对苜蓿耗水规律及水分利用效率的影响

1. 灌水定额对苜蓿耗水量的影响

不同灌水定额下苜蓿各生育期耗水量见表 4-58。从表 4-58 可以看出，在同一毛管埋深条件下，不同灌水定额下的苜蓿第二茬生育期耗水量之间存在着较为显著的差异，苜蓿耗水量随着灌水定额的增加而增加，当灌水定额从 225m³/hm² 提高到 300m³/hm²，毛管埋深 10cm 的苜蓿全生育期耗水量增幅最为明显，而当灌水定额从 300m³/hm² 提高到 375m³/hm² 时，毛管埋深 20cm 的苜蓿全生育期耗水量增幅最为显著。

表 4-58　　　　　　不同灌水定额下苜蓿各生育期耗水量　　　　　　单位：mm

毛管埋深 /cm	灌水定额 /(m³/hm²)	分枝初期	分枝盛期	孕蕾初期	孕蕾盛期	开花期	全生育期
5	225	48.25	34.16	45.45	46.07	12.89	186.82
	300	57.03	36.97	53.08	56.98	12.69	216.75
	375	68.5	43	58.66	67.48	13.49	251.13
10	225	42.48	41.77	48.27	42.5	11.1	186.12
	300	53.82	52.22	54.74	57.8	12.6	231.18
	375	65.3	51.14	59.17	65.81	12.66	254.08

毛管埋深 /cm	灌水定额 /(m³/hm²)	分枝初期	分枝盛期	孕蕾初期	孕蕾盛期	开花期	全生育期
20	225	49.78	46.77	44.68	36.46	8.08	185.77
	300	55.75	53.12	39.11	49.22	8.31	205.51
	375	64.27	59.21	57.5	69.79	14.64	265.41

2. 灌水定额对苜蓿耗水强度及耗水模数影响的影响

不同灌水定额下苜蓿各生育期日耗水强度见表 4-59。从表 4-59 可以看出，在同一毛管埋深条件下，耗水强度大小主要由灌水定额决定，第二茬苜蓿各生育期的耗水强度随着灌水定额的增加而增加，但开花期各灌水定额之间并没有产生显著的差异，这主要原因是苜蓿开花期没灌水。不同灌水定额下苜蓿各生育期耗水模数见表 4-60。从表 4-60 可以看出，灌水定额对苜蓿耗水模数的影响并不显著。

表 4-59　　　　　　　不同灌水定额下苜蓿各生育期日耗水强度　　　　　单位：mm/d

毛管埋深 /cm	灌水定额 /(m³/hm²)	分枝初期	分枝盛期	孕蕾初期	孕蕾盛期	开花期	全生育期
5	225	3.45	2.44	3.03	3.07	2.58	2.91
	300	4.07	2.64	3.54	3.80	2.54	3.32
	375	4.89	3.07	3.91	4.50	2.70	3.81
10	225	3.03	2.98	3.22	2.83	2.22	2.86
	300	3.84	3.73	3.65	3.85	2.52	3.52
	375	4.66	3.65	3.94	4.39	2.53	3.84
20	225	3.56	3.34	2.98	2.43	1.62	2.78
	300	3.98	3.79	2.61	3.28	1.66	3.07
	375	4.59	4.23	3.83	4.65	2.93	4.05

表 4-60　　　　　　　不同灌水定额下苜蓿各生育期耗水模数　　　　　　　%

毛管埋深 /cm	灌水定额 /(m³/hm²)	分枝初期	分枝盛期	孕蕾初期	孕蕾盛期	开花期
5	225	25.82	18.29	24.33	24.66	6.90
	300	26.31	17.06	24.49	26.29	5.85
	375	27.28	17.12	23.36	26.87	5.37
10	225	22.82	22.44	25.93	22.83	5.96
	300	23.28	22.59	23.68	25.00	5.45
	375	25.70	20.13	23.29	25.90	4.98
20	225	26.80	25.18	24.05	19.63	4.35
	300	27.13	25.85	19.03	23.95	4.04
	375	24.22	22.31	21.67	26.29	5.52

3. 灌水定额对苜蓿水分利用效率的影响

灌水定额对苜蓿水分利用效率的影响见表 4-61。从表 4-61 可以看出，在毛管埋深 5cm、20cm 的条件下，随着灌水定额的增加，水分利用效率先增加后减小，而在毛管埋深 10cm 的条件下，水分利用效率随着灌水定额的增加而增加，其中 $300m^3/hm^2$ 灌水定额与 $375m^3/hm^2$ 灌水定额之间的差异显著。

表 4-61　　　　　　　　　灌水定额对苜蓿水分利用效率的影响

毛管埋深 /cm	灌水定额 /(m³/hm²)	耗水量 /mm	干草产量 /(kg/hm²)	水分利用效率 /(kg/m³)
5	225	186.82	10460	5.60[i]
	300	216.75	14090	6.50[c]
	375	251.13	16070	6.40[d]
10	225	186.12	11450	6.15[f]
	300	231.19	14530	6.28[e]
	375	254.07	17500	6.89[a]
20	225	185.78	10790	5.81[h]
	300	205.50	13750	6.69[b]
	375	265.41	15850	5.97[g]

4.3.2　毛管间距和灌水定额对苜蓿耗水规律及水分利用效率的影响

4.3.2.1　毛管间距对苜蓿耗水规律及水分利用效率的影响

1. 毛管间距对苜蓿耗水量的影响

依据苜蓿生育期内不同处理下的土壤含水率，计算得到不同间距下苜蓿各生育期耗水量，见表 4-62。

表 4-62　　　　　　不同毛管间距下苜蓿各生育期耗水量　　　　　　单位：mm

灌水定额 /(m³/hm²)	毛管间距 /cm	分枝初期	分枝盛期	孕蕾初期	孕蕾盛期	开花期	全生育期
225	30	52.57	36.39	47.76	47.61	8.76	193.09
	60	42.48	43.77	48.27	42.50	9.10	186.12
	90	49.72	34.73	39.94	40.56	10.13	175.09
300	30	60.90	44.05	57.21	55.52	10.86	228.54
	60	50.41	48.81	51.33	54.39	9.19	214.14
	90	55.99	38.25	48.06	55.43	12.37	210.11
375	30	65.16	48.66	58.62	69.62	12.86	254.92
	60	62.50	48.34	56.37	63.01	9.86	240.07
	90	59.55	44.58	54.41	60.20	13.75	232.49

从表4-62可以看出，各处理下第二茬苜蓿生育期耗水量的变化规律大致相似，均呈现出了先减小再升高再减小的趋势。分枝初期，在225m³/hm²、300m³/hm²灌水定额下，各毛管间距处理下苜蓿耗水量大小为毛管间距30cm>毛管间距90cm>毛管间距60cm，而在375m³/hm²灌水定额下，各毛管间距处理下苜蓿耗水量大小为毛管间距30cm>毛管间距60cm>毛管间距90cm。分枝盛期，在225m³/hm²、300m³/hm²灌水定额下，各毛管间距处理下苜蓿耗水量大小为毛管间距60cm>毛管间距30cm>毛管间距90cm，在375m³/hm²灌水定额下，各毛管间距处理下苜蓿耗水量大小为毛管间距30cm>毛管间距60cm>毛管间距90cm，其中毛管间距30cm与毛管间距60cm之间的差值仅为0.32mm，差异非常微弱。孕蕾初期，在225m³/hm²灌水定额下，各毛管间距处理下苜蓿耗水量大小为毛管间距60cm>毛管间距30cm>毛管间距90cm，而在300m³/hm²、375m³/hm²灌水定额下，各间距处理下苜蓿耗水量大小为毛管间距30cm>毛管间距60cm>毛管间距90cm。孕蕾盛期，在225m³/hm²、375m³/hm²灌水定额下，各毛管间距处理下苜蓿耗水量大小为毛管间距30cm>毛管间距60cm>毛管间距90cm。进入到开花期后，各处理条件下的苜蓿耗水量之间的差异并不显著，这可能是由于在开花期并没有对苜蓿进行灌水，另外开花期持续时间较短，为了确保苜蓿的品质，进入初花期后即对苜蓿进行收割。在相同灌水处理条件下，各毛管间距下的苜蓿全生育期耗水量大小为毛管间距30cm>毛管间距60cm>毛管间距90cm，其中毛管间距30cm的苜蓿耗水量远高于毛管间距60cm、毛管间距90cm的苜蓿耗水量。

2. 毛管间距对苜蓿耗水强度及耗水模数的影响

不同毛管间距下苜蓿各生育期日耗水强度见表4-63。从表4-63我们可以看出，与耗水量的变化规律相似，各处理第二茬苜蓿生育期内的耗水强度的变化大致呈现出了先降后升再降的趋势。在苜蓿分枝初期，苜蓿生长旺盛，各处理苜蓿耗水强度为3.03～4.65mm/d，进入分枝盛期，苜蓿生长速度放缓，各处理苜蓿耗水强度为2.60～3.49mm/d，进入孕蕾初期，苜蓿进入生殖生长和营养生长并进的阶段，耗水强度增大，此时强度为2.66～3.91mm/d，进入孕蕾盛期，苜蓿主要以生殖生长为主，生长发育达到第二个高峰，耗水强度为2.70～4.64mm/d，进入开花期，灌区气温降低且开花期不灌水，苜蓿生长发育逐渐放缓，耗水量减少，耗水强度为1.75～2.75mm/d。在同一灌水定额条件下，毛管间距对苜蓿全生育期耗水强度的影响较为明显，间距越小，苜蓿全生育期的耗水强度越大，毛管间距30cm的苜蓿平均耗水强度为3.58mm/d，毛管间距60cm的苜蓿平均耗水强度为3.39mm/d，毛管间距90cm的苜蓿平均耗水强度为3.27mm/d。

不同毛管间距下苜蓿各生育期耗水模数见表4-64。从表4-64可以看出，各处理苜蓿分枝初期耗水模数为22.82%～28.40%，分枝盛期耗水模数为18.21%～23.52%，孕蕾初期为22.81%～25.93%，孕蕾盛期为22.83%～27.31%，开花期耗水模数最小，为4.11%～5.91%。同一灌水定额下，在苜蓿分枝初期、分枝盛期，毛管间距30cm与毛管间距90cm之间的差异非常微弱，而二者与毛管间距60cm之间的差异较为显著，随着生育期的推进，三者之间的差异逐渐减弱。

表 4 - 63　　　　　　　　　　不同毛管间距下苜蓿各生育期日耗水强度　　　　　　　　单位：mm/d

灌水定额 /(m³/hm²)	毛管间距 /cm	分枝初期	分枝盛期	孕蕾初期	孕蕾盛期	开花期	全生育期
225	30	3.76	2.60	3.18	3.17	1.75	3.06
	60	3.03	3.13	3.22	2.83	1.82	2.95
	90	3.55	2.48	2.66	2.70	2.03	2.78
300	30	4.35	3.15	3.81	3.70	2.17	3.63
	60	3.60	3.49	3.42	3.63	1.84	3.40
	90	4.00	2.73	3.20	3.70	2.47	3.34
375	30	4.65	3.48	3.91	4.64	2.57	4.05
	60	4.46	3.45	3.76	4.20	1.97	3.81
	90	4.25	3.18	3.63	4.01	2.75	3.69

表 4 - 64　　　　　　　　　　不同毛管间距下苜蓿各生育期耗水模数　　　　　　　　　　　%

灌水定额 /(m³/hm²)	毛管间距 /cm	分枝初期	分枝盛期	孕蕾初期	孕蕾盛期	开花期
225	30	27.23	18.85	24.73	24.66	4.53
	60	22.82	23.52	25.93	22.83	4.89
	90	28.40	19.84	22.81	23.17	5.79
300	30	26.65	19.27	25.03	24.29	4.75
	60	23.54	22.79	23.97	25.40	4.29
	90	26.65	18.21	22.88	26.38	5.89
375	30	25.56	19.09	22.99	27.31	5.04
	60	26.03	20.13	23.48	26.25	4.11
	90	25.61	19.17	23.40	25.89	5.91

3. 毛管间距对苜蓿水分利用效率的影响

不同毛管间距对苜蓿水分利用效率的影响见表 4 - 65。从表 4 - 65 可以看出，在 225m³/hm² 灌水定额下，不同间距之间的差异较为显著，水分利用效率随着间距的减小而逐渐升高，而在 300m³/hm²、375m³/hm² 灌水定额下，水分利用效率随着间距的减小先升高后减小。随着灌水定额的提高，毛管间距 30cm 与毛管间距 60cm 之间的差异逐渐减弱。各处理中以毛管间距 60cm 灌水定额 375m³/hm² 的水分利用效率最高，为 6.69kg/m³，毛管间距 30cm 灌水定额 375m³/hm² 的水分利用效率次之，为 6.61kg/m³，二者之间仅相差 0.08kg/m³。毛管间距 90cm 灌水定额 225m³/hm² 的水分利用效率最小，为 5.03kg/m³。不同毛管间距效益成本分析见表 4 - 65。从表 4 - 65 可以看出，毛管间距 30cm 灌水定额 375m³/hm² 的苜蓿产量虽然最高，但由于成本过高，导致经济大幅下降，从效益上讲，毛管间距 60cm 灌水定额 375m³/hm² 的苜蓿效益最高，加之其水分利用效率也为最高，故应以毛管间距 60cm 灌水定额 375m³/hm² 为最佳毛管横向布设方式及相应灌水定额。

表 4-65   不同毛管间距对苜蓿水分利用效率的影响

灌水定额 /(m³/hm²)	毛管间距 /cm	耗水量 /mm	产量 /(kg/hm²)	水分利用效率 /(kg/m³)
225	30	193.09	11890	6.16
	60	186.12	10460	5.62
	90	175.09	8810	5.03
300	30	228.54	14640	6.41
	60	214.14	14090	6.58
	90	210.11	12490	5.94
375	30	254.92	16840	6.61
	60	240.07	16070	6.69
	90	232.49	14200	6.11

表 4-66   不同毛管间距效益成本分析

灌水定额 /(m³/hm²)	毛管间距 /cm	干草产量 /(t/hm²)	产值 /(元/hm²)	材料成本 /(元/hm²)	效益 /(元/hm²)
225	30	8.02	11228	6003	5225
	60	7.55	10570	3002	7568
	90	6.52	8728	2251	6477
300	30	9.94	13916	6003	7913
	60	9.62	13468	3002	10466
	90	9.28	12592	2251	10341
375	30	11.89	16646	6003	10643
	60	10.44	14616	3002	11614
	90	9.26	12564	2251	10313

注：苜蓿价格参照青河县当地的收购价格，为 1.4 元/kg。滴灌材料价格由新疆水科院曹彪提供，为 0.2 元/m。

4.3.2.2 灌水定额对苜蓿耗水规律及水分利用效率的影响

1. 灌水定额对苜蓿耗水量的影响

不同灌水定额下各苜蓿各生长期耗水量见表 4-67。从表 4-67 可以看出，在相同间距条件下，第二茬各生育期的苜蓿耗水量随着灌水定额的增加而增加。225m³/hm² 灌水定额下的苜蓿平均耗水量为 184.77mm，300m³/hm² 灌水定额下的苜蓿平均耗水量为 223.03mm，375m³/hm² 灌水定额下的苜蓿平均耗水量为 249.16mm。

| 表 4－67 | | | | 不同灌水定额下苜蓿各生育期耗水量 | | | 单位：mm | |

毛管间距 /cm	灌水定额 /(m³/hm²)	分枝初期	分枝盛期	孕蕾初期	孕蕾盛期	开花期	全生育期
	225	52.57	36.39	47.76	47.61	8.76	193.09
30	300	60.90	44.05	57.21	55.52	10.86	228.54
	375	65.16	48.66	58.62	69.62	12.86	254.92
	225	42.48	43.77	48.27	42.50	9.10	186.12
60	300	50.41	48.81	51.33	54.39	9.19	214.14
	375	62.50	48.34	56.37	63.01	9.86	240.07
	225	49.72	34.73	39.94	40.56	10.13	175.09
90	300	61.69	38.25	53.76	61.13	14.27	229.11
	375	64.55	44.58	56.41	72.20	14.75	252.49

2. 灌水定额对苜蓿耗水强度及耗水模数的影响

不同灌水定额下苜蓿各生育期日耗水强度见表 4－68。从表 4－68 可以看出，在同一间距条件下，耗水强度大小主要由灌水定额决定，第二茬苜蓿各生育期的耗水强度随着灌水定额的增加而增加，225m³/hm² 灌水定额下的苜蓿平均耗水强度为 2.93mm/d，300m³/hm² 灌水定额下的苜蓿平均耗水强度为 3.45mm/d，375m³/hm² 灌水定额下的苜蓿平均耗水强度为 3.85mm/d。不同灌水定额下苜蓿各生育期耗水模数见表 4－69。由表 4－69 可以看出，灌水定额对苜蓿耗水模数的影响比较微弱，不同灌水定额之间的差异并不显著。

| 表 4－68 | | | | 不同灌水定额下苜蓿各生育期日耗水强度 | | | 单位：mm | |

毛管间距 /cm	灌水定额 /(m³/hm²)	分枝初期	分枝盛期	孕蕾初期	孕蕾盛期	开花期	全生育期
	225	3.76	2.60	3.18	3.17	1.75	3.06
30	300	4.35	3.15	3.81	3.70	2.17	3.63
	375	4.65	3.48	3.91	4.64	2.57	4.05
	225	3.03	3.13	3.22	2.83	1.82	2.95
60	300	3.60	3.49	3.42	3.63	1.84	3.40
	375	4.46	3.45	3.76	4.20	1.97	3.81
	225	3.55	2.48	2.66	2.70	2.03	2.78
90	300	4.00	2.73	3.20	3.70	2.47	3.34
	375	4.25	3.18	3.63	4.01	2.75	3.69

表 4-69　　　　　　　　　　不同灌水定额下苜蓿各生育期耗水模数　　　　　　　　　　%

毛管间距 /cm	灌水定额 /(m³/hm²)	分枝初期	分枝盛期	孕蕾初期	孕蕾盛期	开花期
30	225	27.23	18.85	24.73	24.66	4.53
	300	26.65	19.27	25.03	24.29	4.75
	375	25.56	19.09	22.99	27.31	5.04
60	225	22.82	23.52	25.93	22.83	4.89
	300	23.54	22.79	23.97	25.40	4.29
	375	26.03	20.13	23.48	26.25	4.11
90	225	28.40	19.84	22.81	23.17	5.79
	300	26.65	18.21	22.88	26.38	5.89
	375	25.61	19.17	23.40	25.89	5.91

3. 灌水定额对苜蓿水分利用效率的影响

不同灌水定额对苜蓿水分利用效率的影响见表 4-70。表 4-70 可以看出，在同一间距条件下，水分利用效率随着灌水定额的增加而增加，但 300m³/hm² 灌水定额与 375m³/hm² 灌水定额之间的差异并不显著。就灌水定额而言，225m³/hm² 灌水定额较难满足苜蓿的需水要求，以 375m³/hm² 为最好的灌水定额。

表 4-70　　　　　　　　　不同灌水定额对苜蓿水分利用效率的影响

毛管间距 /cm	灌水定额 /(m³/hm²)	耗水量 /mm	鲜草产量 /(kg/hm²)	水分利用效率 /(kg/m³)
30	225	193.09	11890	6.16
	300	228.54	14640	6.41
	375	254.92	16840	6.61
60	225	186.12	10460	5.62
	300	214.14	14090	6.58
	375	240.07	16070	6.69
90	225	175.09	8810	5.03
	300	229.11	12490	5.45
	375	252.49	14200	5.62

4.4　苜蓿浅埋式滴灌毛管布设优化数值模拟

4.4.1　模型模拟灌后土壤剖面含水量分布

利用 Hydrus-2D 软件模拟在地下滴灌条件下各处理的体积含水率分布剖面如图 4-29 所示。由图 4-29 可知，灌水后 5h，在相同时段，各处理的土壤剖面含水率均是

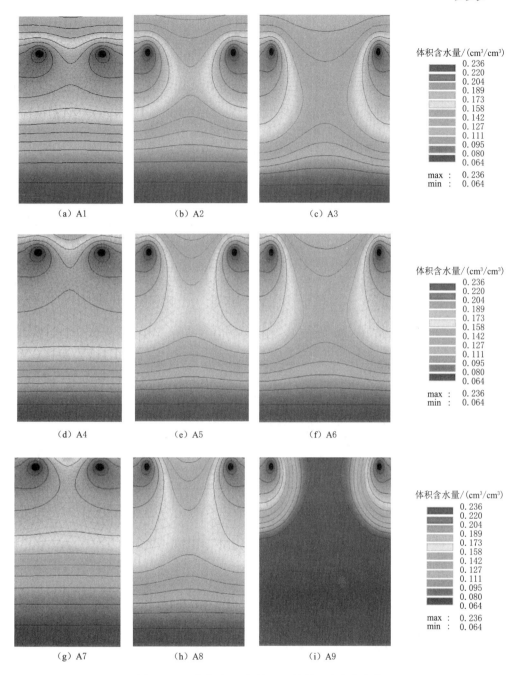

图 4-29 灌水后 5h 各处理土层剖面含水率变化

在滴灌附近较大，然后随着土层深度的增大含水率逐渐减小。对比不同毛管埋深下各间距处理可发现，毛管间距越小，毛管间土壤体积含水量越大，且湿润土层越浅，如图 4-29（c）所示，在毛管埋深为 20cm 时，当毛管间距为 90cm 时，湿润深度约 80cm，但由于间距较大，在两毛管间的土壤体积含水率及滴头下体积含水率小于相同埋深条件下间距为 30cm 和 60cm 的处理，如图 4-29（a）和图 4-29（b）所示。同理，在相同毛管间距条件下，不同毛管埋深处理的湿润范围也表现出不同，如图4-29（g）所示，在毛管间距为30cm时，由于埋深较浅，为5cm，因此在土壤表层的土壤体积含水率大于埋深为10cm［图4-29（d）］、20cm［图4-29（a）］的处理，同时，埋深越浅，在垂直深度上的湿润范围也越小，但湿润区的土壤体积含水量越大。总体上看，各处理中，A1~A8处理的土壤湿润范围均在60~80cm，仅A9处理由于埋深浅间距大，因此湿润范围相对较小，而有研究表明2年生苜蓿的最深主根系为61.5cm，最浅为36.5cm，平均根系深度为47.11cm。因此，各布设方式处理下苜蓿根系均被湿润体包围，均可满足苜蓿根系吸水，在湿润均匀性上，A1、A2、A4、A5、A7和A8处理均比较好。

　　灌水后5h不同处理下土壤水分分布如图4-30所示。由图4-30可知，各处理规律一致，均是滴头周围的含水量明显高于其他位置，而且随着土层深度的增加土壤含水量呈逐渐减小趋势。同时，由于埋深不同，毛管埋深越大，湿润的深度也越大，如A1、A2、A3处理的湿润深度在80cm，水平湿润宽度约60cm，高于A4、A5、A7处理，虽然A6、A8、A9处理的湿润深度也在80cm，但此深度上的含水量和范围则明显小于毛管埋深在20cm的各处理。同理可看出，随着毛管间距的增大，水平距离上的湿润范

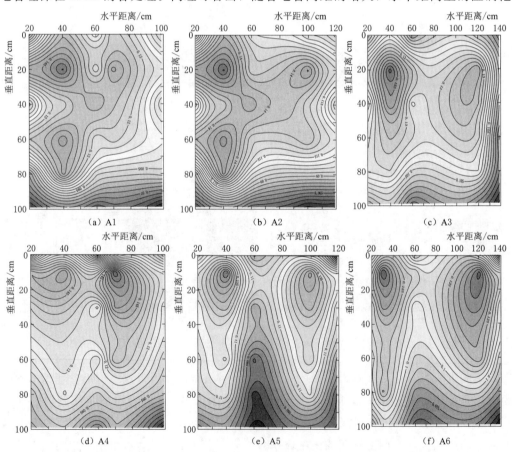

图4-30（一）　灌水后5h不同处理下土壤水分分布

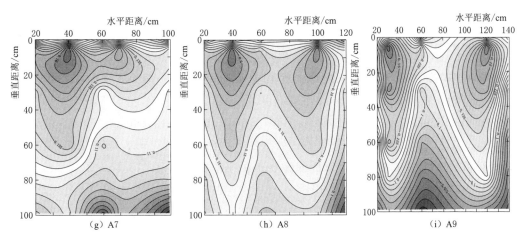

图 4-30（二） 灌水后 5h 不同处理下土壤水分分布

围虽然增大，但两毛管之间的含水量却很小，如 A3、A6、A9 处理，由于 2 个毛管的间距为 90cm，虽然在水平宽度上，湿润范围较其他处理大，但两毛管间的土壤含水量小于其他处理。对比各处理的土壤湿润范围可看出，A1、A2 和 A8 处理在水平宽度和垂直深度上的土壤含水量相对较均匀。

4.4.2 不同布设方式对苜蓿植株生长的影响

不同处理下的苜蓿株高变化如图 4-31 所示。由图 4-31（a）可知，在整个观测期内各处理株高均呈增长的变化趋势，第 1 茬在 6 月 4 日之前生长较迅速，之后增长速度减缓，截至 6 月 19 日，A1、A2、A3、A4、A5、A6、A7、A8 和 A9 处理的株高分别为 60.2cm、74.2cm、71.4cm、60.1cm、70.1cm、61.3cm、54.6cm、78.6cm、70.7cm。同时，从图 4-31（a）可知，在相同毛管埋深条件下，毛管埋深在 20cm 时不同间距处理的平均株高最大，为 68.6cm，其次是毛管埋深 5cm，平均株高为 68.0cm，毛管埋深 10cm 的各处理平均株高最低，为 63.8cm。在相同毛管间距条件下，当毛管间距为

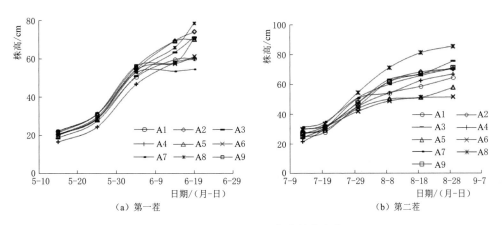

图 4-31 不同处理下苜蓿株高变化

60cm 时不同毛管埋深度处理平均株高最大，为 74.3cm，其次是毛管间距 90cm，平均株高为 67.8cm，而毛管间距为 30cm 时的平均株高最低，为 60.5cm。在第二茬中，与第一茬相比，生长速度相对平缓，但在相同毛管埋深条件下各毛管间距处理的平均株高与相同毛管间距条件下各埋深处理的平均株高与第一茬的表现规律一致，如图 4 - 31（b）所示，截至 8 月 29 日，A1、A2、A3、A4、A5、A6、A7、A8 和 A9 处理的株高分别 64.5cm、70.4cm、75.6cm、66.7cm、57.8cm、51.6cm、70.6cm、85.6cm、71.1cm。总体上看，第二茬各布置方式处理的平均株高（68.2cm）略高于第 1 茬的平均株高（66.8cm），其中又以毛管埋深为 5cm 的平均株高较大（75.8cm）。

苜蓿在不同处理下茎粗变化如图 4 - 32 所示，在观测期内，第二茬中各处理苜蓿的茎粗均呈增长变化趋势，截止收获时的观测结果显示，第一茬和第二茬最大茎粗为 A1 和 A7 处理，分别为 3.4mm 和 3.1mm。各处理间相比相差较小，相差分别为 0.4mm 和 0.3mm。同时，从图 4 - 32 可看出，在相同毛管埋深条件下不同间距处理的平均茎粗相差很小，如毛管埋深在 10cm 的处理平均茎粗最大，为 3.3mm，其次是毛管埋深 20cm，平均茎粗为 3.2mm，毛管埋深 5cm 的各处理平均株高茎粗，为 3.1mm。在相同毛管间距条件下不同埋深处理的平均茎粗也有类似的规律，当毛管间距为 30cm 时不同毛管埋深度处理平均茎粗最大，为 3.3mm，其次是毛管间距 60cm，平均茎粗为 3.2mm，而毛管间距 90cm 时的平均茎粗最低，为 3.1mm。而且，第二茬在相同毛管埋深条件下各毛管间距处理和相同毛管间距条件下不同毛管埋深处理的平均茎粗的变化规律与第一茬类似。总体上看，第一茬各布设方式处理的平均茎粗（3.2mm）略高于第二茬的平均茎粗（3.0mm），其中当毛管埋深为 10cm，毛管间距为 30cm 时的平均茎粗较大。

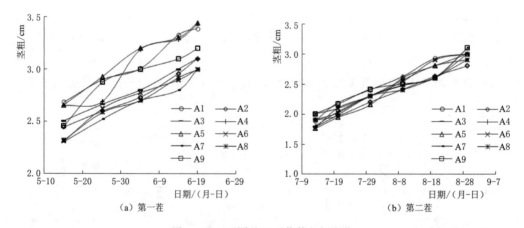

图 4 - 32　不同处理下苜蓿茎粗变化

4.4.3　不同布设方式对苜蓿产量的影响

不同处理下苜蓿产量变化如图 4 - 33 所示。由图 4 - 33 可看出，第一茬的苜蓿平均产量（0.83kg/m²）高于第二茬（0.67kg/m²），但均是 A8 处理的产量最大，第一茬和第

二茬分别为 $0.98kg/m^2$ 和 $0.82kg/m^2$。而且，第一茬和第二茬在相同深度上各间距处理的

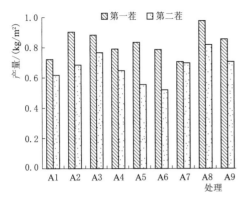

图 4-33 不同处理下苜蓿产量变化

平均产量及相同间距下各深度处理的平均产量变化规律一致，即当毛管埋深为 5cm 时，第一茬和第二茬的不同间距处理的平均产量均最大，分别为 $0.74kg/m^2$ 和 $0.67kg/m^2$，其次是埋深 20cm；当毛管间距为 60cm 时，第一茬和第二茬在不同深度上各处理的平均产量同样最大，分别为 $0.91kg/m^2$ 和 $0.69kg/m^2$，其次是毛管间距 90cm。在苜蓿的两茬产量中，毛管埋深为 10cm 的 3 个处理的产量均低于毛管埋深 5cm 和 20cm 的各处理，对比毛管埋深 5cm 和 20cm 的各处理可发现，在第一茬中 A8 产量最高，其次是 A2 和 A3，第二茬中 A8、A3 和 A9 分列产量的前 3 位，从产量上可知，当毛管埋深为 5cm 和 20cm、毛管间距为 60cm 和 90cm 时可获得较高产量。

对苜蓿产量与株高和茎粗进行相关分析，苜蓿产量与株高和茎粗的相关关系见表 4-71。由表 4-71 可知，苜蓿产量与其株高或茎粗的相关关系显著，且以产量与株高和茎粗 2 个因子的相关关系最好（$R=0.99$），拟合方程为 $y=0.038+0.01x_1-0.006x_2$。

表 4-71　　　　　苜蓿产量与株高和茎粗的相关关系

产量	拟合方程	拟合结果	相关系数
第 1 茬	产量与株高	$y=0.114+0.011x_1$	0.96
	产量与茎粗	$y=1.306-0.15x_2$	0.3
	产量与株高及茎粗	$y=0.349+0.01x_1-0.068x_2$	0.97
第 2 茬	产量与株高	$y=0.018+0.01x_1$	0.98
	产量与茎粗	$y=1.770-0.38x_2$	0.52
	产量与株高及茎粗	$y=0.038+0.01x_1-0.006x_2$	0.99

4.5　本章小结

4.5.1　主要结论

依据阿勒泰地区青河县苜蓿浅埋式滴灌田间试验，将苜蓿浅埋式滴灌毛管布置方式（埋深、间距）与苜蓿灌水定额相结合，分别研究了毛管埋深和灌水定额、毛管间距和灌水定额对苜蓿生长指标（株高、茎粗、叶绿素、茎叶比）、产量及耗水规律（耗水量、耗水强度、耗水模数）的影响，进而确定苜蓿浅埋式滴灌毛管优化布设的方案，为

农牧民生产提供一定的指导和借鉴。得出的主要结论如下：

（1）毛管埋深 10cm 的苜蓿长势最好、产量最高，灌水定额对苜蓿生长产生了显著的影响。灌水定额对苜蓿株高、茎粗均产生了非常显著的影响，苜蓿株高、茎粗随着灌水定额的增加而增加；同一灌水定额下，随着毛管埋设深度的增加，苜蓿株高、茎粗均呈现出了先增加后降低的趋势，可见一定的毛管埋深有助于苜蓿生长。同一灌水定额下，毛管埋深 10cm 的苜蓿叶绿素含量高于毛管埋深 5cm 和毛管埋深 20cm 的叶绿素含量，灌水定额对苜蓿叶绿素含量的影响并不显著，在苜蓿生育前期和中期，$375m^3/hm^2$ 灌水定额下的苜蓿叶绿素含量最高。在 $225m^3/hm^2$ 和 $300m^3/hm^2$ 灌水定额下，苜蓿茎叶比随着毛管埋深的增加而增加，而在毛管埋深 5cm、10cm 条件下，较高的灌水定额有助于苜蓿茎叶比峰值的提前，随着毛管埋深的增加，灌水定额对苜蓿茎叶比的影响趋于减弱。相同灌水定额下，毛管埋深 10cm 的牧草产量最高，受气候环境影响，一茬苜蓿产量明显高于二茬苜蓿产量。

（2）毛管间距 30cm 的苜蓿长势及产量略高于间距 60cm，但二者之间的差异并不是非常显著。同一毛管间距条件下，苜蓿株高、茎粗随着灌水定额的增加而显著提高；同一灌水定额下，毛管间距 30cm 和毛管间距 60cm 的苜蓿株高、茎粗高于间距 90cm 的苜蓿株高，可见过宽的毛管铺设间距不利于植株生长。灌水定额对苜蓿叶绿素含量的影响不显著，在毛管间距 30cm、90cm 条件下，$375m^3/hm^2$ 灌水定额下的苜蓿叶绿素含量最高，而在毛管间距 60cm 条件下，但随着生育期的推进，$300m^3/hm^2$ 灌水定额下的苜蓿叶绿素含量逐渐超过 $375m^3/hm^2$ 灌水定额下的苜蓿叶绿素含量。毛管间距 30cm 有助于苜蓿在生育前期和中期保持较高的叶绿素含量，但随着生育期的推进，毛管间距 60cm 的苜蓿叶绿素含量逐渐超过毛管间距 30cm 的叶绿素含量。在 $225m^3/hm^2$ 和 $300m^3/hm^2$ 灌水定额下，各毛管间距苜蓿茎叶比在苜蓿生育前期和中期差异显著，但随着生育期的推进，各毛管间距之间的差异逐渐减小。而在 $375m^3/hm^2$ 灌水定额下，随着苜蓿生育期的推进，各毛管间距茎叶比之间的差异逐渐增大。在同一灌水定额下，各间距苜蓿总鲜草产量大小为毛管间距 30cm ＞毛管间距 60cm ＞毛管间距 90cm，毛管间距 30cm 的苜蓿产量虽然高于毛管间距 60cm、90cm 的苜蓿产量，但其与毛管间距 60cm 的苜蓿产量之间的差异并不显著。

（3）灌水定额对苜蓿耗水量、耗水强度影响显著，毛管埋深 10cm 灌水定额 $375m^3/hm^2$ 的水分利用效率最高。苜蓿生育期耗水量呈现出了先减小再升高再减小的趋势，其中分枝初期和孕蕾盛期是苜蓿最为重要的两个需水关键期，在同一毛管埋深条件下，苜蓿耗水量、耗水强度随着灌水定额的增加而增加。而在同一灌水定额下，毛管埋深并没有对苜蓿耗水量、耗水强度产生显著影响。不同处理的苜蓿耗水模数之间的差异并不显著，通过比较各处理之间的水分利用率大小，发现毛管埋深 10cm 灌水定额 $375m^3/hm^2$ 的水分利用效率最高，为 $6.89kg/m^3$。

（4）毛管间距及灌水定额对苜蓿耗水量、耗水强度均产生了显著影响，毛管间距 60cm 灌水定额 $375m^3/hm^2$ 的水分利用效率及经济效益最高。在同一间距下，各生育期的苜蓿耗水量、耗水强度随着灌水定额的增加而增加。而在同一灌水定额下，苜蓿全生育期耗水量、耗水强度随着毛管间距的减小而升高。灌水定额对苜蓿耗水模数的影响比较微弱，不同灌水定额之间的差异并不显著。通过比较各处理之间的水分利用效率大小，发现毛管间距 60cm 灌水定额 375m³/hm² 的水分利用效率及经济效益最高。

（5）在毛管间距 60cm 条件下，毛管埋深 10cm 灌水定额 375m³/hm² 为最佳毛管纵向布设方式及灌水定额组合。而在毛管埋深 5cm 条件下，毛管间距 60cm 灌水定额 375m³/hm² 为最佳毛管横向布设方式及灌水定额组合。通过比较苜蓿长势、产量、耗水量、水分利用效率及利润成本等指标，发现在毛管间距 60cm 条件下，毛管埋深 10cm 灌水定额 375m³/hm² 的苜蓿长势最好、水分利用效率最高，可见在间距 60cm 条件下，毛管埋深 10cm 灌水定额 375m³/hm² 为最佳毛管纵向布设方式及灌水定额组合。而在毛管埋深 5cm 条件下，毛管间距 30cm 的苜蓿长势及产量虽然略好于毛管间距 60cm，但毛管间距 30cm 的材料成本过高，导致利润大幅下降，从经济效益上讲，毛管间距 60cm 的利润最高，在毛管埋深 5cm 条件下，毛管间距 60cm 灌水定额 375m³/hm² 为最佳毛管横向布设方式及灌水定额组合。

（6）HYDRUS-2D 模拟结果可靠，可用于模拟苜蓿地下滴灌土壤水分运移规律，且由于毛管埋深为 5cm 时容易进行布置作业，因此建议在该地区采用地下滴灌毛管埋深为 5cm，毛管间距为 60cm 的布置方式。利用 HYDRUS-2D 模拟软件对 2016 年苜蓿实测含水量数据进行模拟，结合苜蓿植株生长和产量的分析，结果显示，应用 HYDRUS-2D 模拟软件模拟土壤水分分布有较好的一致性。当毛管埋深为 5cm 和 20cm、毛管间距为 30cm 和 60cm 时模拟结果比较均匀，其中湿润深度 60~80cm，湿润宽度在 60cm 左右，且能与苜蓿的根系生长分布范围较好地吻合，可以满足苜蓿根系吸水的要求。同时，在植株生长上，当毛管埋深为 5cm、毛管间距 60cm 时的平均株高最大，两茬平均株高为 71.9cm。在产量上，当毛管埋深为 5cm 时或毛管间距 60cm 时的平均产量最高。

4.5.2　创新点

（1）目前，新疆地区对苜蓿浅埋式滴灌的研究鲜有报道，本书将浅埋式滴灌应用于苜蓿种植，研究了浅埋式滴灌下的苜蓿生长发育及耗水规律，为牧区农牧民的生产实践提供了一定的指导和借鉴。

（2）将毛管布置方式（间距、埋深）和灌水定额相结合，探讨了毛管布置方式和灌水定额对苜蓿生长规律和耗水规律的影响，并确定了苜蓿浅埋式滴灌的毛管布置参数。

4.5.3　研究展望

（1）本研究仅观测了苜蓿株高、茎粗等地上生理指标，而对根长、根系密度等地下生理指标未进行观测，根系是苜蓿吸收水分和养分的重要器官，直接影响着苜蓿地上指标的生长和发育，因此研究浅埋式滴灌条件下苜蓿根系的生长规律对于进一步揭示苜蓿地上部分的生长规律具有很重要的意义。

（2）通过观测苜蓿生长指标及土壤含水率，研究了不同毛管布置方式和灌水定额下的苜蓿生长及耗水规律，但并未从机理上对其规律作出进一步的解释，因此非常有必要进行浅埋式滴灌田间入渗试验，从机理上解释毛管布置方式和灌水定额对苜蓿生长规律的影响。

（3）研究未设置施肥量这一重要因素，建议将施肥量加入到后续的试验当中，研究水肥耦合对苜蓿生长发育的影响。

参考文献

［1］ 李玉珠. 苜蓿与百脉根原生质体培养及体细胞杂交的研究 ［D］. 兰州：甘肃农业大学，2012.

［2］ 朱湘宁. 华北平原苜蓿节水灌溉制度研究 ［D］. 长春：东北师范大学，2003.

［3］ 李裕荣，程朝友，肖昌智，喀斯特地区紫花苜蓿在水土保持中的应用潜力 ［J］. 农技服务，2007（7）：37-38.

［4］ 王丽英. 大凌河流域种植紫花苜蓿的水土保持及牧草双重效益 ［J］. 现代畜牧兽医，2007（11）：22.

［5］ 杨吉华，张光灿，刘霞，紫花苜蓿保持水土效益的研究 ［J］. 土壤侵蚀与水土保持学报，1997（2）：91-96.

［6］ 杨忍劳. 水土保持先锋和牧草之王—紫花苜蓿 ［J］. 水土保持通报，1988（4）：62-64.

［7］ 邵成员，马水尧. 滴灌技术在大棚葡萄生产中的应用 ［J］. 地方水利技术的应用与实践，2005（2）：94-95.

［8］ 牛文全. 微压滴灌技术理论与系统研究 ［D］. 咸阳：西北农林科技大学，2006.

［9］ CAMP C R，BAUER P J，HUNT P G. Subsurface drip irrigation lateral spacing and management for cotton in the southeastern Coastal Plain ［J］. Transactions Of the Asae，1997，40（4）：993-999.

［10］ LAMM F R，STONE L R，MANGES H L，et al. Optimum lateral spacing for subsurface drip-irrigated corn ［J］. Transactions Of the Asae，1997，40（4）：1021-1027.

［11］ YOHANNES F，TADESSE T. Effect of drip and furrow irrigation and plant spacing on yield of tomato at Dire Dawa，Ethiopia ［J］. Agricultural Water Management，1998，35（3）：201-207.

［12］ 宋常吉. 北疆滴灌复播作物需水规律及灌溉制度研究 ［D］. 石河子：石河子大学，2013.

［13］ MITCHELL W H，TILMON H D，MAGAZINE S. Underground trickle irrigation：the best system for small farms? ［J］. Crops and Soils Magazine，1982（34）：9-13.

［14］ LAMM F R，TROOIEN T P. Subsurface drip irrigation for corn production：a review of 10 years of research in Kansas ［J］. Irrigation Science，2003，22（3-4）：195-200.

［15］ 仵峰，宰松梅，丛佩娟. 国内外地下滴灌研究及应用现状 ［J］. 节水灌溉，2004（1）：25-28.

［16］ 徐林，李杨瑞，黄海荣. 地下滴灌技术的研究进展 ［J］. 广西农业科学，2008，39（6）：800-804.

［17］ AYARS J E，PHENE C J，HUTMACHER R B，et al. Subsurface drip irrigation of row crops：a review of 15 years of research at the Water Management Research Laboratory ［J］. Agricultural Water Management，1999，42（1）：1-27.

［18］ Schwankl L J，Grattan S R，Miyao E M. Drip irrigation burial depth and seed planting depth effects on tomato germination ［J］. California Agriculture，1988，42（3）：22-24.

［19］ 刘玉春，李久生. 毛管埋深和层状质地对番茄滴灌水氮利用效率的影响 ［J］. 农业工程学报，2009（6）：7-12.

［20］ DETAR W R，BROWNE G T，PHENE C J，et al. Real-time irrigation scheduling of potatoes with sprinkler and subsurface drip systems ［C］//Proc Int Conf. on Evapotranspiration and Irrigation Scheduling，eds. CR Camp，EJ Sadler，and RE Yoder. 1996.

［21］ 张树振，张鲜花，隋晓青，等. 地下滴灌苜蓿地土壤水分分布规律 ［J］. 草业科学，2015，32 （7）：1047－1053.

［22］ 王春霞. 浅埋式滴灌技术在新疆阿苇灌区的应用探讨 ［J］. 水资源开源节流，2017 （1）：61－64.

第 5 章　苜蓿浅埋式滴灌灌溉制度研究

为了研究寒旱荒漠地区苜蓿适宜的灌水周期和灌水量，寻找合理的灌溉制度，对紫花苜蓿在浅埋式滴灌条件下开展了大田滴灌试验，项目组采用双因素方差分析法分析了灌水周期和灌水定额对不同生育阶段紫花苜蓿株高、茎粗和干物质积累的影响，利用 LAI-2200C 植物冠层分析仪，测量不同灌水处理在不同生育阶段的紫花苜蓿叶面积指数，合理确定了浅埋式滴灌条件下苜蓿的灌溉制度，可为紫花苜蓿高产栽培条件下冠层变化规律提供理论依据。

5.1　试验设计与研究方法

5.1.1　试验设计

试验苜蓿是 2012 年 8 月 10 日播种的紫花苜蓿，品种名为阿尔冈金（Algomguin），采用播种开沟铺带一体机一次性完成播种、铺设滴灌管带、开沟覆土，苜蓿行距为 30cm，播种量为 52.5kg/hm²。播种当年 8 月 19 日开始出苗，当年未收割，第二年的返青率达 92%。毛管采用可以防负压的内镶贴片式滴灌带，滴头流量 2.0L/h，滴灌带埋深 5～8cm，毛管间距 60cm，毛管布置示意图如图 5-1 所示。试验设 3 个灌水定额，即 300m³/hm²、375m³/hm²、450m³/hm²；3 个灌水周期即 6 天、9 天、12 天，共 9 个处理，重复一次，试验设计见表 5-1。每个试验小区长 30m 左右，宽 2.4m。试验约定灌水周期内单次降水大于 15mm，灌水周期延长 3 天；单次降水大于 20mm，下一次灌

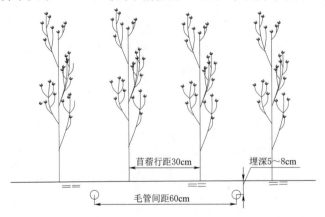

图 5-1　紫花苜蓿灌溉制度试验毛管布置示意图

水顺延 4 天；单次降水大于 30mm，下一次灌水顺延 6 天。第一茬苜蓿生育期内 5 月 17 日出现降雨最大值，单次有效降雨为 8.8mm；第二茬苜蓿生育期内 8 月 2 日出现降雨最大值，单次有效降雨 5.2mm，因此降雨未对试验计划产生影响。试验区地下水位较深，紫花苜蓿全生育期可视为无地下水补给。试验各处理分别在分支期和现蕾期统一随水施磷酸二氢钾 10kg/亩和尿素 5kg/亩。因为试验区位于高寒荒漠地区，所以紫花苜蓿全年收割两茬，第一茬于 6 月 20 日刈割，第二茬在 9 月 5 日刈割。

表 5-1　　　　　　　　　　　紫花苜蓿灌溉制度试验设计表

试验处理	灌水周期	灌水定额 $/(\text{m}^3/\text{hm}^2)$	灌溉定额/(m^3/hm^2)		
			第一茬	第二茬	合计
W_{11}	6	300	2400	3300	5700
W_{12}	6	375	3000	4125	7125
W_{13}	6	450	3600	4950	8550
W_{21}	9	300	1800	2100	3900
W_{22}	9	375	2250	2625	4875
W_{23}	9	450	2700	3150	5850
W_{31}	12	300	1200	1800	3000
W_{32}	12	375	1500	2250	3750
W_{33}	12	450	1800	2700	4500

5.1.2　研究方法

5.1.2.1　测定指标及方法

在每个小区内按"S"形曲线随机选取具有代表性的 10 株苜蓿，每隔 10 天测一次苜蓿株高、茎粗。株高在现蕾期前为从茎的最基部到最上叶顶端的距离，现蕾期后为从茎的最基部到穗顶端的距离；茎粗是用游标卡尺量茎的最基部，东西、南北两方向各测 1 次，取平均值。产量采用样方法测定，各试验处理在每个生育期末，以 1m^2 为一个样方，留茬高度 5cm 左右，在每个处理小区随机选取 3 个样方，用镰刀割取样方内苜蓿，称重测定鲜草产量。同时在各个样方中随机取 3 个 500g 左右鲜草样带回实验室 105℃杀青，65℃烘干 24h 至恒重，计算干湿比，换算出干草产量。

紫花苜蓿叶面积指数采用 LAI-2200C 植物冠层分析仪测定。试验在晴天下午北京时间 7 点左右进行，同时尽量减小冠层上下读数的时间差，且保证测量时方向相同。测量时，先进行散射校正。紫花苜蓿被认为是低矮均一的冠层，故选择使用 270°视眼遮盖帽，测量点选在每个处理的中间行，测量点位置连线近似"S"形，根据冠层仪测量规范，分别读取冠层上 1 个 A 值和冠层下 5 个 B 值，求 LAI。每组试验处理重复测量 3 次，计算时取 3 次测量平均值，即为该处理的叶面积指数。

5.1.2.2　数据处理与分析

试验数据采用 Excel 2007 软件进行整理和制图，采用 SPSS 18.0 进行数据统计分析和差异显著性检验，差异显著性分析采用 LSD 法。利用 Origin 8.5.1 软件对测得数据进行公式拟合，拟合时采用自定义函数的方法。

5.2　不同灌水处理对寒旱区紫花苜蓿叶面积指数的影响

5.2.1　灌水定额对紫花苜蓿叶面积指数动态变化的影响

灌水定额对紫花苜蓿叶面积指数的影响如图 5-2 所示。由图 5-2 可知，3 个灌水周期下不同灌水定额紫花苜蓿 LAI 变化趋势大体相同，呈较缓慢生长—快速生长—缓慢下降趋势。紫花苜蓿在分枝后期、现蕾期生长较快，返青期和开花期生长较缓慢，说明叶面积指数的变化与紫花苜蓿生长呈正相关。灌水周期 6 天时，不同灌水定额紫花苜蓿叶 LAI 变化差异不大，其中 W_{13} 叶面积指数为 9.42，是全部试验处理中最大值。灌水周期 9 天时，表现出灌水定额越大，叶面积指数越大的规律，紫花苜蓿在初花期时叶面积指数快速降低，反映出生育后期缺水对紫花苜蓿 LAI 的不利影响。灌水周期 12 天时，亦表现出灌水定额越大，叶面积指数越大的规律，叶面积指数在现蕾后期开始下降，说明灌水周期 12 天时，灌水定额在 $450\mathrm{m^3/hm^2}$ 以下时都不能满足紫花苜蓿叶片正常生长的需要。总之，灌水周期 6 天时，灌水定额 $300\mathrm{m^3/hm^2}$ 时，紫花苜蓿 LAI 受灌水定额影响的作用不明显；灌水周期 9 天和 12 天时，灌水定额小于 $450\mathrm{m^3/hm^2}$ 时，紫花苜蓿 LAI 受灌水定额影响明显，且灌水定额越大，叶面积指数越大。

5.2.2　灌水周期对紫花苜蓿叶面积指数动态变化的影响

灌水周期对紫花苜蓿叶面积指数的影响如图 5-3 所示。从图 5-3 可以发现，同一灌水定额，灌水周期越短，叶面积指数越大。灌水定额 $300\mathrm{m^3/hm^2}$ 时，不同灌水周期叶面积指数值差异极显著。其中 W_{31} 的灌水周期最大，叶面积指数最小，整个生育期叶面积指数最大，仅达到 3.47。这是由于灌水量小，灌水周期长，导致植株严重缺水，一方面植株下部叶片脱落，另一方面叶片萎蔫，叶片间空隙增大，叶面积指数下降。灌水定额 $375\mathrm{m^3/hm^2}$ 时，不同灌水周期叶面积指数值差异较显著，W_{12} 的叶面积指数变化速度最大，W_{32} 的叶面积指数变化速度最小，W_{12} 的生育期最大叶面积指数是 W_{32} 的 1.74 倍。灌水定额 $450\mathrm{m^3/hm^2}$ 时，不同灌水周期叶面积指数值差异显著，叶面积指数增加速率 W_{13} 最大，W_{33} 最小，生育期最大叶面积指数 W_{13} 是 W_{33} 的 1.38 倍。综上所述，紫花苜蓿 LAI 在灌水定额小于 $375\mathrm{m^3/hm^2}$ 情况下，灌水周期越短，叶面积指数越大，但随着灌水量的增大，灌水周期对紫花苜蓿影响减小。当灌水定额 $450\mathrm{m^3/hm^2}$，灌水周期 6 天和 9 天的试验处理，叶面积指数差异不是太大。

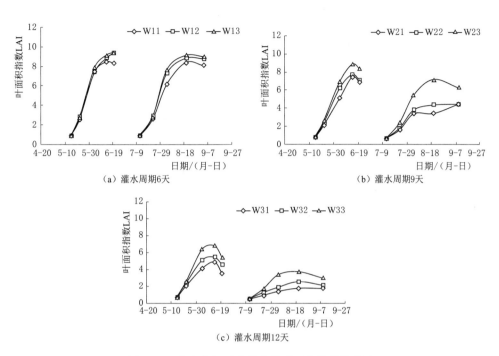

图 5 - 2 灌水定额对紫花苜蓿叶面积指数的影响

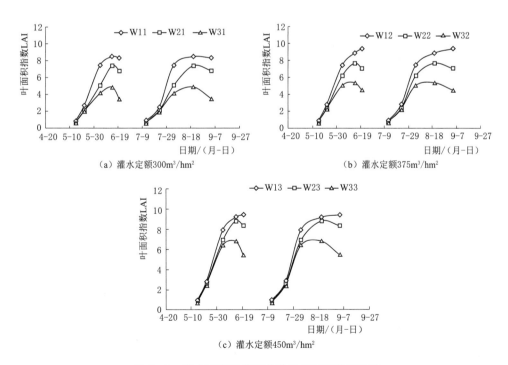

图 5 - 3 灌水周期对紫花苜蓿叶面积指数的影响

5.2.3　紫花苜蓿适宜灌水条件下叶面积指数生长模型

2016 年试验区紫花苜蓿 5 月初开始返青，第一茬紫花苜蓿在 6 月 14 日植株出现开花现象，由于初花期时的苜蓿营养品质及干物质含量都很高，本次试验紫花苜蓿选择在初花期刈割。第一茬紫花苜蓿于 6 月 20 植株开花率达到 10%，进入初花期。第二茬紫花苜蓿在 7 月 1 日开始返青，9 月 5 日进入初花期。根据试验植株调查，紫花苜蓿整个生育期各阶段时间段划分见表 5 - 2。

表 5 - 2　　　　　　　　　　紫花苜蓿整个生育期各阶段时间划分

紫花苜蓿	返青期	分枝期	现蕾期	初花期
第一茬	5 月 1—15 日	5 月 16 日—6 月 3 日	6 月 4—13 日	6 月 14—20 日
第二茬	7 月 1—10 日	7 月 11 日—8 月 9 日	8 月 10—19 日	8 月 20 日—9 月 5 日

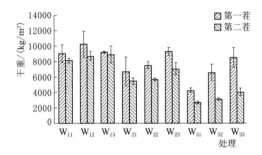

图 5 - 4　不同试验处理下紫花苜蓿干重

不同试验处理下紫花苜蓿干重如图 5 - 4 所示，第二茬产量均低于第一茬，但灌水定额和灌水周期对两茬紫花苜蓿产量的影响基本相似。灌水周期为 9 天和 12 天时，两茬苜蓿的干重均随灌水定额的增大而增大；灌水周期为 6 天时，第一茬紫花苜蓿在灌水定额为 $375 m^3/hm^2$ 的试验处理产量最大，即 W_{12} 的第一茬干物质累积量最大，选取处理 W_{12} 的第一茬叶面积指数与生长天数的试验数据见表 5 - 3。

表 5 - 3　　　　　　　W_{12} 第一茬叶面积指数与生长天数的试验数据

生长天数/d	叶面积指数平均值	生长天数/d	叶面积指数平均值
15	0.912	44	8.883
22	2.831	50	9.397
34	7.461		

植物叶面积指数随生育期的变化，符合经典的 Logistic 曲线或其修正形式。

$$LAI = \frac{LAI_{max}}{1 + \exp(a_1 + a_2 t + a_3 t^2)} \tag{5-1}$$

式中　LAI——紫花苜蓿叶面积指数；

　　　LAI_{max}——种群密度最大值；

　　　　　t——返青后的天数；

a_1，a_2，a_3——待定系数。

利用 Origin 8.5.1 软件，对 W_{12} 试验数据进行 Logistic 曲线拟合，模拟方程的系数分别为 $LAI_{max}=0.978$，$a_1=5.96$，$a_2=-0.271$，$a_3=0.002$，拟合结果检验 $Reduced$ Chi-Sqr 为 0.019，决定系数 $R^2=0.998$，说明所拟合的公式精度较高。

图 5-4 表明第二茬紫花苜蓿 W'_{13} 干重最大，故紫花苜蓿第二茬处理 W'_{13} 条件下可以认定为适宜的水分处理，选取紫花苜蓿第二茬处理 W'_{13} 生长期不同生长阶段叶面积指数对所拟合的模型进行检验。第二茬紫花苜蓿 W'_{13} 叶面积指数观测值和预测值比较如图 5-5 所示。图 5-5 第二茬紫花苜蓿 W'_{13} 叶面积指数观测值和预测值比较说明所拟合的模型对适宜水分下紫花苜蓿叶面积生长变化具有较好的模拟效果。对

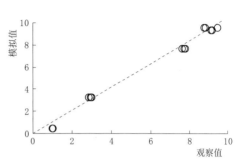

图 5-5　第二茬紫花苜蓿 W'_{13} 叶面积
指数观测值和预测值比较

检验结果进行数值分析，实测值和模拟值之间的相关系数 $r=0.96$，平均绝对误差为 0.372，拟合的相关系数较高，表明本模型对于适宜灌水条件下的叶面积指数具有较好的模拟效果。

5.3　不同灌水处理对紫花苜蓿生长和产量的影响

5.3.1　灌水定额对紫花苜蓿生长动态的影响

灌水周期分别为 6 天、9 天、12 天，不同灌水量对紫花苜蓿株高、茎粗的影响如图 5-6 所示。由图中株高、茎粗变化速率趋势可知，紫花苜蓿分枝后期，现蕾期生长较快，返青期和开花期生长较缓慢。灌水周期为 6 天时，第一茬紫花苜蓿灌水量越小，植株越高，W_{11} 的株高均值达 80.2cm；第二茬紫花苜蓿，则较大灌水量，有利于植株生长，W_{12} 的和 W_{13} 的株高均值均达 68.2mm。灌水周期为 6 天的三个试验处理植株生长整体差异较小，茎粗表现为灌水量越小，茎粗越大的规律；灌水周期为 9 天时，试验结果整体呈灌水量越大，植株生长越快的规律。株高生长在分枝后期开始表现出差异，并且随着生育天数的增加，紫花苜蓿植株生长差别越来越显著。紫花苜蓿整个生育期的株高和茎粗生长速率为 $W_{23}>W_{22}>W_{21}$；灌水周期为 12 天时，紫花苜蓿的生长速率为 $W_{33}>W_{32}>W_{31}$，亦即灌水量越大，植株生长越快。但生育后期三个处理均表现出缺水现象，植株普遍矮小，W_{32} 部分植株、W_{31} 几乎全部植株出现叶片萎蔫等症状，这是由于灌水较少，灌水量不能满足作物生长需要，加之植株体内水分散失，导致第二茬紫花苜蓿开花期茎粗下降。可见，灌水量能够显著影响紫花苜蓿的地上生物量，适宜的灌水量能够促进植株的生长，提高紫花苜蓿的生产性能。

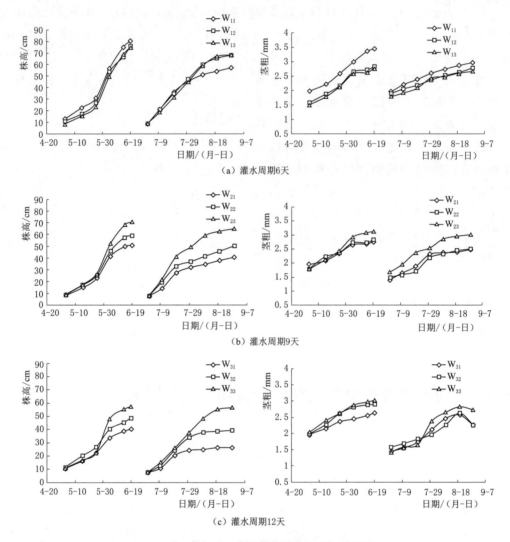

（a）灌水周期6天

（b）灌水周期9天

（c）灌水周期12天

图 5-6 灌水量对紫花苜蓿株高、茎粗的影响

5.3.2 灌水周期对紫花苜蓿生长动态的影响

灌水定额分别为 $300m^3/hm^2$，$375m^3/hm^2$，$450m^3/hm^2$，不同灌水周期紫花苜蓿株高、茎粗动态生长过程如图 5-7 所示。灌水定额在 $300m^3/hm^2$ 的情况下，紫花苜蓿生长速度为 $W_{11} > W_{21} > W_{31}$，且灌水周期为 6 天的处理从分支期开始株高和茎粗均好于灌水周期 9 天和 12 天的试验处理，说明高频率小水量的灌溉有利于紫花苜蓿的生长。当灌水定额为 $375m^3/hm^2$ 时，紫花苜蓿株高、茎粗生长速度为 $W_{12} > W_{22} > W_{32}$，表现出频率越高的灌水处理，苜蓿植株生长的越好，但主要是在紫花苜蓿分支后期差异明显，说明灌水定额为 $375m^3/hm^2$ 时，紫花苜蓿在分支前期和返青期适当延长灌水周期，分支后期缩短灌水周期。当灌水定额达到 $450m^3/hm^2$ 时，紫花苜蓿株高生长速度为

$W_{13} > W_{23} > W_{33}$，但 W_{13} 和 W_{23} 差异不明显。说明灌水定额为 $450\text{m}^3/\text{hm}^2$ 时，灌水周期为 6 天和 9 天的试验处理对比，株高差异不大，但是灌水周期为 9 天时更有利于紫花苜蓿茎粗的生长。综上所述，紫花苜蓿适宜的灌水方式可以通过合理安排灌水周期和灌水定额来实现，即延长灌水周期、相应提高灌水定额，或是降低灌水定额、相应缩短灌水周期，通过寻找合理的灌溉周期和灌水定额组合，达到节水增产的效果。

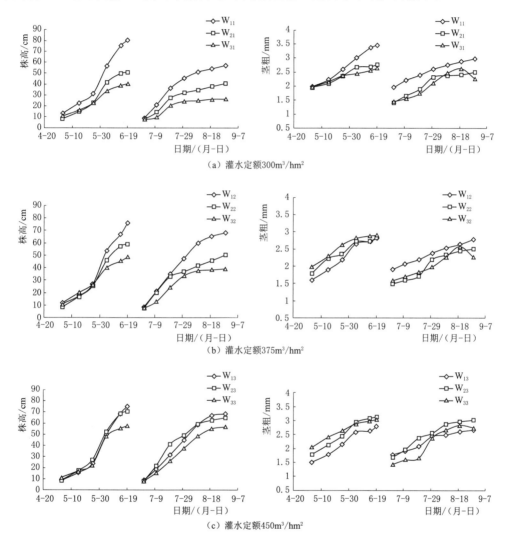

图 5-7　灌水周期对紫花苜蓿株高、茎粗的影响

5.3.3 灌水周期和灌水定额对紫花苜蓿生长的影响

根据试验植株调查，紫花苜蓿整个生育期各生育阶段划分见表 5-4。牧草的产量主要是茎叶产量，通过紫花苜蓿植株变化速率可以衡量其生物量累积的快慢。植株变化速率可以由株高、茎粗以及干物质的变化进行定量的分析。对株高和茎粗变化速率以及

各生育阶段干物质积累量进行方差分析，方差分析采用 F 检验的方法，灌水周期和灌水定额对紫花苜蓿各生育期生长指标影响主体间效应（sig）检验见表 5-5。

表 5-4　　　　　　　　　　紫花苜蓿整个生育期各生育阶段划分

紫花苜蓿	返青期	分支期	现蕾期	初花期
第一茬	5-1—5-15	5-16—6-3	6-4—6-13	6-14—6-20
第二茬	7-1—7-10	7-11—8-9	8-10—8-19	8-20—9-5

表 5-5　灌水周期和灌水定额对紫花苜蓿各生育期生长指标影响主体间效应检验（sig）

紫花苜蓿		变异源	返青期	分支期	孕蕾期	初花期
第一茬	株高	灌水周期	0.091	0.000	0.000	0.000
		灌水定额	0.610	0.000	0.000	0.060
		交互作用	0.001	0.005	0.011	0.071
	茎粗	灌水周期	0.842	0.006	0.011	0.078
		灌水定额	0.044	0.356	0.003	0.038
		交互作用	0.568	0.579	0.007	0.045
	干物质	灌水周期	0.406	0.012	0.000	0.000
		灌水定额	0.310	0.002	0.000	0.001
		交互作用	0.552	0.038	0.002	0.043
第二茬	株高	灌水周期	0.000	0.011	0.407	0.036
		灌水定额	0.000	0.002	0.177	0.511
		交互作用	0.000	0.405	0.663	0.495
	茎粗	灌水周期	0.321	0.005	0.231	0.002
		灌水定额	0.241	0.005	0.161	0.239
		交互作用	0.451	0.099	0.000	0.021
	干物质	灌水周期	0.499	0.000	0.000	0.000
		灌水定额	0.038	0.000	0.024	0.001
		交互作用	0.955	0.001	0.169	0.447

注：sig<0.01 表示非常显著，sig<0.05 表示显著。

紫花苜蓿第一茬返青期株高受灌水周期和灌水定额交互作用影响非常显著（$P<0.01$），株高在分支期、孕蕾期、初花期均受灌水周期影响非常显著（$P<0.01$），在孕蕾期和初花期受灌水定额影响非常显著（$P<0.01$）。灌水周期在分支期对紫花苜蓿茎粗影响非常显著（$P<0.01$），在孕蕾期影响显著（$P<0.05$）。灌水定额对茎粗在孕蕾期影响非常显著（$P<0.01$），在返青期和初花期影响显著（$P<0.05$）。灌水周期和灌水定额的交互作用对孕蕾期和初花期茎粗影响非常显著（$P<0.01$）；干物质在返青期受灌水周期和灌水定额影响不大，在孕蕾期受灌水周期和灌水定额单独和交互影响非常显著（$P<0.01$），在初花期和分支期受灌水周期和灌水定额单独作用影响非常显著（$P<0.01$），受灌水周期和灌水定额的交互作用影响显著（$P<0.05$）；灌水周期和

灌水定额对紫花苜蓿第二茬生长的影响与第一茬基本相同，但由于紫花苜蓿第二茬在 7 月份返青，生长阶段温度较高，第二茬受灌水周期和灌水定额的影响与第一茬还表现出不一样的特点。第二茬紫花苜蓿返青期受灌水周期和灌水定额单独影响非常显著（$P<0.01$），干物质受灌水定额影响显著（$P<0.05$）。与第一茬紫花苜蓿不同，分支期株高受灌水周期和灌水定额影响不显著，茎粗受灌水定额影响显著，干物质受灌水定额和灌水周期影响非常显著。第二茬紫花苜蓿现蕾期温度较高，更有利于生殖生长，第二茬紫花苜蓿现蕾期株高和茎粗受灌水周期和灌水定额影响均不显著，干物质受灌水定额影响显著，受灌水定额和灌水周期交互影响不显著。第二茬紫花苜蓿开花期株高受灌水周期影响显著，干物质受灌水周期和灌水定额交互影响不显著。

5.3.4 不同水分处理对苜蓿产量的影响

因为第一茬紫花苜蓿返青主要受上一年度降雪影响，所以各处理土壤含水率初始水平基本相同。试验区紫花苜蓿约在 4 月底开始返青，5 月 3 日第一次灌水，6 月 18 日结束灌水，第一茬灌水历时 45 天，第二茬 7 月 3 日开始灌水，9 月 2 日结束灌水，灌水历时 61 天。

不同水分处理下紫花苜蓿鲜、干重及显著性比较见表 5-6。最高干、鲜重的试验处理灌水周期均为 6 天。第一茬紫花苜蓿中 W_{13} 鲜草产量最高，鲜重为 $39653kg/hm^2$，W_{12} 的干草产量最高，干重为 $10254kg/hm^2$。鲜重最大的不一定干重最高，主要是受干湿比的影响。灌水周期 6 天时，灌水量多的干湿比反而小，W_{12} 的干湿比为 0.31，而 W_{13} 的干湿比仅为 0.23。第二茬紫花苜蓿中 W_{13} 的鲜、干重最大，鲜重为 $32783kg/hm^2$，干重为 $8916kg/hm^2$。灌水周期为 6 天的试验处理，鲜重均随灌水量增加而增大，但第一茬差异显著，第二茬差异不显著，而且第二茬耗水要比第一茬多，这是由于干旱荒漠地区第二茬紫花苜蓿生长阶段温度较高，蒸发蒸腾强烈。第一茬紫花苜蓿干重 $W_{12}>W_{13}>W_{11}$，说明灌水周期为 6 天时，灌水定额从 $300m^3/hm^2$ 增加到 $450m^3/hm^2$，紫花苜蓿干物质积累呈先增大后减小的规律。当灌水周期为 9 天和 12 天时，$W_{21}<W_{22}<W_{23}$，$W_{31}<W_{32}<W_{33}$，即干、鲜重均随着灌水量的增加而增大。由干、鲜重 $W_{11}>W_{21}>W_{31}$，$W_{12}>W_{22}>W_{32}$，$W_{23}>W_{33}$，说明当灌水周期大于 9 天时，高频率灌溉有利于紫花苜蓿干、鲜重的提高。但是由第一茬干重 $W_{13}<W_{23}$，说明当灌水周期为 6 天时，灌水定额等于或大于 $450m^3/hm^2$ 时，不利于第一茬紫花苜蓿干物质的积累。主要是由于灌水量较大，土壤水分盈余，苜蓿水分含量较高，干湿比降低。但灌水周期 9 天和 12 天的试验处理干鲜比与灌水量表现出正相关，即随着灌水量增大，干鲜比增大。这是由于灌水周期相同，灌水量大的处理株高较高、茎粗较大；灌水量较小的试验处理植株矮细、生物量积累较低。因此适宜的灌水有利于苜蓿干物质的积累，这与孙洪仁、王海青和张前兵等的研究结果是一致的。综上所述，干旱荒漠地区紫花苜蓿所需水量基本由灌溉补充，高频灌水有利于紫花苜蓿的鲜物质累积，但当灌水周期太短，紫花苜蓿干鲜比随着灌水量增大反而减小；当灌水频率小于苜蓿需水频率时，一定范围内，灌水量越

多、干鲜比越大，越有利于紫花苜蓿干物质累积。

表 5 - 6　　　　　　　　　　不同水分处理下紫花苜蓿鲜、干重及显著性比较

处理	鲜重/(kg/hm²)			干重/(kg/hm²)		
	第一茬	第二茬	总计	第一茬	第二茬	总计
W_{11}	27580±3445^c	30148±1102^a	57728	9075±1133^{ad}	8157±298^a	17232
W_{12}	33517±5411^a	32216±2167^a	65733	10254±1655^a	8747±588^a	19001
W_{13}	39653±379^b	32783±3985^a	72436	9262±88^{ac}	8916±1084^a	18178
W_{21}	21444±6003^{de}	17242±1358^c	38686	6721±1882^{eg}	5479±432^c	12200
W_{22}	22511±1390^{ce}	18442±473^c	40953	7546±466^{bcdef}	5694±146^c	13240
W_{23}	25813±1346^{cd}	23312±2572^b	49125	9301±485^{ab}	7062±779^b	16363
W_{31}	17475±1306^e	8271±417^e	25746	4260±318^i	2675±135^e	6935
W_{32}	22245±3541^{ce}	9538±306^{de}	31783	6586±1048^{fg}	3113±100^{de}	9699
W_{33}	24446±3611^{ce}	12073±1532^d	36519	8531±1260^{ae}	4052±514^d	12583

注：列中不同小写字母表示不同处理差异显著（$P<0.05$）

5.3.5　紫花苜蓿的优化灌溉制度

优化灌溉制度是为了获取最大的经济效益，通过充分利用牧草植物体对缺水具有的抗逆特性，合理确定其不同生育期灌水量和灌水时间，制定具有节水、增产、高效益的灌水模式。通过 2016 年紫花苜蓿的灌溉试验，同时结合当地降雪对土壤水分的供应，第一茬紫花苜蓿返青期合理灌水制度为灌水定额 300m³/hm² 左右，灌水周期 9 天，在温度允许的条件下，第一次灌水可适当提前，以加快紫花苜蓿的返青速度。紫花苜蓿分枝期灌水周期对其株高和茎粗影响显著，宜采用高频率中水量的灌溉方式，即灌水周期 6 天，灌水定额为 375m³/hm²，以促进紫花苜蓿植株生长。因为紫花苜蓿现蕾期生长受灌水周期和灌水定额影响非常显著，所以采用高频率大水量的灌溉方式，即灌水周期 6 天，灌水定额 450m³/hm²。开花期采用中频率大水量的灌溉方式，主要是由于高频率灌水紫花苜蓿干湿比较低，不利于干物质的形成。紫花苜蓿第一茬灌水约 8 次，总灌水量为 3075m³/hm² 左右。第二茬紫花苜蓿返青期和分支期选择灌水周期 6 天，灌水定额为 300m³/hm² 的组合有利于植株的生长；现蕾期选择灌水周期 6 天，灌水定额 375 m³/hm² 的灌水组合既有利于植株生长又利于紫花苜蓿生物量积累；初花期可以延长灌水周期，以提高刈割时紫花苜蓿干鲜比，因此选择灌水周期为 9 天，灌水定额 450m³/hm² 的灌水组合。紫花苜蓿第二茬灌水约 10 次，总灌水量为 3375m³/hm² 左右。

5.4　讨论与结论

5.4.1　讨论

因为牧草的产量主要是茎叶产量，所以可以通过紫花苜蓿植株变化速率衡量其生物

量累积的快慢。植株变化速率可以由株高、茎粗以及叶面积的变化定量描述。建立模拟紫花苜蓿叶面积指数在适宜灌水条件下冠层的生长模型，不仅可以揭示苜蓿群体叶面积指数变化规律，为准确预测苜蓿生长和产量提供依据，还可以为判断紫花苜蓿水分亏缺提供理论指导。本章从水分对紫花苜蓿叶面积影响角度进行了试验研究，拟合了适宜水分条件下的紫花苜蓿叶面积指数变化规律，反映了紫花苜蓿生长群体的冠层变化规律，比通过采集子叶、复叶以及真叶，建立的紫花苜蓿的 LAI 动态变化模型更适用于指导生产实践。

本章采用间接测量法对苜蓿叶面积进行了测定，避免了因对苜蓿叶片叶面积进行定量计算而造成的误差，用修正的 Logistic 函数对紫花苜蓿叶面积的变化特征值和生长时间进行了模拟，建立的模型对紫花苜蓿叶面积生长规律的描述简明客观，且模拟精度较高，能较好地反映出适宜水分下紫花苜蓿冠层的变化规律。图 5-5 反映出本模型具有较好的拟合度和预测能力，但生长中期拟合效果要好于生长末期和初期，表明拟合的模型对紫花苜蓿生长中期的预测效果更好。这也说明紫花苜蓿适宜水分条件下叶面积变化规律还受外界环境的影响，这是由于一年中第一茬和第二茬返青时的环境温度不同，第二茬返青时的气温要明显高于第一茬返青时的气温；同样第一茬刈割时的气温要比第二茬刈割时气温高。

寒旱荒漠地区，气候干冷，温度回升缓慢，全年无霜期较短，试验区紫花苜蓿刈割两茬。由于整个生育期气象不同，紫花苜蓿第一茬和第二茬最佳灌水周期和灌水量组合不完全相同，紫花苜蓿第一茬灌水量为 $3075\text{m}^3/\text{hm}^2$ 左右。第二茬灌水量为 $3375\text{m}^3/\text{hm}^2$ 左右。全年总灌水量为 $6450\text{m}^3/\text{hm}^2$ 左右，这与郭学良等的研究成果基本一致。

2014—2015 年试验设计的灌溉周期分别为 5 天、10 天、15 天，灌水定额分别为 $225\text{m}^3/\text{hm}^2$、$300\text{m}^3/\text{hm}^2$、$375\text{m}^3/\text{hm}^2$，试验结果为灌水周期为 5 天的三组处理产量要高于灌水周期 10 天和 15 天的试验处理。而灌水周期为 10 天时，虽然灌水量越大，产量越高，但是灌水定额为 $375\text{m}^3/\text{hm}^2$ 的试验处理，产量也只有灌水周期 5 天和灌水定额 $225\text{m}^3/\text{hm}^2$ 试验处理的 68.7%，因此可以确定试验区灌水周期应该介于 5～10 天。通过 2016 年紫花苜蓿的灌溉试验，紫花苜蓿经过优化的灌水频次为：第一茬灌水约 8 次，第二茬灌水约 10 次，灌水周期介于 6～9 天，灌水定额在 $300\sim450\text{m}^3/\text{hm}^2$。本章提出的灌水定额和灌水频次均较高，主要是由于试验区苜蓿种植时播种量较大，且每年返青率较高，紫花苜蓿耗水量较大，最终产量也较高。苜蓿虽然是多年生深根系作物，但是当存在较为严重的土壤障碍因子时，紫花苜蓿根系入土深度常可浅至不足 1m，一般不超过 2m，而且紫花苜蓿根系生物量在 0～30cm 土层的分布比例在 60%～90% 之间，在 0～30cm 土层土壤水分变化也是最活跃的区域。故小水量高频次的滴灌可以既减少土壤深层渗漏又避免地面积水过多，更加有利于根系对水分的吸收，提高水分的有效利用率。郭学良等和李茂娜等也提出适当的增加灌水频次，可以节水增产。

通过对株高和茎粗变化速率以及各生育阶段干物质积累量进行方差分析，灌水周期和灌水量对不同生育阶段的紫花苜蓿株高、茎粗和干物质积累量影响程度各不相同。说明紫花苜蓿适宜的灌水方式可以通过合理安排灌水周期和灌水定额，即增大灌水周期、提高灌水定额，或者缩短灌水周期、减小灌水定额，达到节水增产的效果。

高频率灌水促进紫花苜蓿生长，有利于鲜物质的积累，但生长后期紫花苜蓿植株水分含量较高，干鲜比较低，不利于紫花苜蓿干物质的最终形成。因此在干旱缺水地区，紫花苜蓿在生育后期可通过在浅埋式滴灌方式下延长灌水周期，增加灌水定额，以提高紫花苜蓿产量。

5.4.2　结论

（1）灌水周期为 6 天，灌水定额达到 300m³/hm² 时，紫花苜蓿叶面积指数受灌水定额作用的影响不大，灌水周期为 9 天，灌水定额小于 450m³/hm² 条件下，紫花苜蓿叶面积指数受灌水定额作用的影响明显，灌水定额越大，叶面积指数越高。

（2）紫花苜蓿叶面积指数在灌水定额小于 375m³/hm² 情况下，灌水周期越短，叶面积指数越大，但随着灌水量的增大，灌水周期对紫花苜蓿叶面积指数的影响在减小。在灌水定额 450m³/hm²，灌水周期 6 天和 9 天的试验处理中，叶面积指数差异不是太大。

（3）紫花苜蓿叶面积指数的变化规律可以用改进的 Logistic 曲线进行拟合，在适宜灌水条件下紫花苜蓿冠层生长模型为 $LAI = 0.978/[1 + \exp(5.96 - 0.271t + 0.002t^2)]$，且该模型具有较高的精度。

参考文献

［1］　张静，王倩，肖玉，等. 交替灌溉对紫花苜蓿生物量分配与水分利用效率的影响 ［J］. 草业学报，2016，25（3）：164-171.

［2］　孙洪仁，马令法，何淑玲，等. 灌溉量对紫花苜蓿水分利用效率和耗水系数的影响 ［J］. 草地学报，2008，16（6）：636-639，645.

［3］　王海青，田育红，黄薇霖，等. 不同灌溉量对内蒙古人工草地主要牧草产量和水分利用效率的影响 ［J］. 生态学报，2015，35（10）：3225-3232.

［4］　张前兵，于磊，鲁为华，等. 优化灌溉制度提高苜蓿种植当年产量及品质 ［J］. 农业工程学报，2016，32（23）：116-122.

［5］　NEIL C，TURNER E M，NICOLAS T K，et al. Drought resistance in cereals ［M］. Paris：CAB International，1989.

［6］　王会肖，蔡燕，刘昌明. 生物节水及其研究的若干方面 ［J］. 节水灌溉，2007（6）：32-35.

［7］　蔡焕杰，康绍忠，张振华，等. 作物调亏灌溉的适宜时间与调亏程度的研究 ［J］. 农业工程学报，2000，16（3）：24-27.

［8］　郭学良，李卫军. 不同灌溉方式对紫花苜蓿产量及灌溉水利用效率的影响 ［J］. 草地学报，2014，22（5）：1086-1090.

［9］　孙洪仁，武瑞鑫，李品红，等. 紫花苜蓿根系入土深度 ［J］. 草地学报，2008，16（3）：307-312.

［10］　李杨，孙洪仁，沈月，等. 紫花苜蓿根系生物量垂直分布规律 ［J］. 草地学报，2012，20（5）：793-798.

［11］　鲁为华，任爱天，杨洁晶，等. 滴灌苜蓿田间土壤水盐及苜蓿细根的空间分布 ［J］. 农业工程

学报，2014，30（23）：128－137.

[12]　李茂娜，王晓玉，杨小刚，等. 圆形喷灌机条件下水肥耦合对紫花苜蓿产量的影响 [J]. 农业机械学报，2016，47（1）：134－138.

[13]　常春，尹强，刘洪林. 苜蓿适宜刈割时期及刈割次数的研究 [J]. 中国草地学报，2013，35（5）：53－56.

[14]　张明艳，李红岭，高晓阳，等. 紫花苜蓿株高和叶面积指数变化动态及模拟模型 [J]. 干旱区资源与环境，2013，27（4）：187－192.

第6章　牧区小型应急抗旱灌溉设备研发与应用

我国牧区面积广阔，生产供电设施难以供给，为了提高牧区处置干旱灾害的应急能力。项目组从牧区实际需求出发，研发适合缺电区饲草料基地的光伏提水灌溉系统，具有建设方式灵活、运行成本低廉、清洁环保并且易于推广等特点。项目在青河县阿苇灌区三干管首部处建设光伏提水灌溉系统一套，负载 7.5kW，扬程 35.00m，提水能力 56m³/h，设计日提水量 448m³，控制灌溉面积 40 亩，灌溉作物为紫花苜蓿。通过集成光伏提水及苜蓿浅埋式滴灌技术，在一个灌溉期内运行状况稳定，受自然环境影响较小，能够保证灌溉的需要。紫花苜蓿灌水定额 560m³/亩，产干草 550kg/亩，较常规灌溉增收 90 元/亩，节省燃油费 0.41 万元，减少 CO_2 排放 1.92t。

6.1　研究方案

本研究首先进行技术系统研究及市场调研，比较市场上的光伏产品及提水设备的优劣，选择技术应用方案；其次在试验区针对当地作物开展灌溉试验研究，确定灌溉制度及提水方案；然后进行现场勘查，设计光伏提水系统及配套设备，并进行现场安装测试；最后根据测试结果，进行经济性评价，提出光伏提水技术系统在牧区的应用模式。

6.2　研究方法和过程

6.2.1　光伏提水系统特性试验

根据光伏系统的应用形式、规模和负载的类型可以将光伏发电系统和光伏提水系统。按照电能的传递路线可以分为以下两类：①光伏阵列直接驱动提水机组；②蓄电池储能提水机组。本章主要对这两类提水机组的出力特性和出水特性开展测试。

1. 光伏电池的发电特性测试

选择晴朗的天气，采用 100W21V 的光伏电池，利用万用表定时测定光伏电池的空开电压及电力强度，可以看出，从 11 时至 19 时，光伏电池的电流强度 I 呈正弦曲线变化，最小值 2.8A，最大值 5.7A；开路电压处于稳定状态，为 17.5V。根据功率的计算公式 $W=UI$ 可知，光伏电池在自然状态下的功率输出也呈正弦曲线变化，因此通过合适的光伏电池组合，利用变频技术能够满足负载水泵的额定功率要求。光伏电池的电流 I 与电压 U 变化如图 6-1 所示。

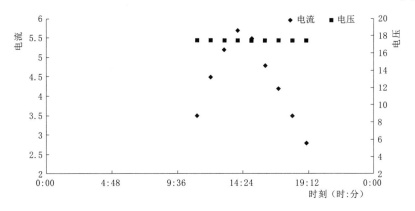

图 6-1 光伏电池的电流与电压变化

2. 光伏阵列直接驱动提水机组

通过将功率 120W 的电池板 30 块进行串并联组合为理论最大输出 3.6kW 的光伏阵列，安装倾角为 45°，朝向正南，通过 3kW 变频器连接 2.2kW 负载水泵，流量为 22.3m³/h，扬程 16.00m，测试时间为 2015 年 5 月 23 日 11—19 时，天气晴朗，运行光伏控制器及电磁流量计，对光伏提水系统的出水特性进行测定。最高输出功率为 2.2kW，最低输出功率为 1.9kW，日累计功率输出 19.1kW。

试验结果如下：11 时系统尚未达到额定功率，出水量仅 17.6m³/h，随着太阳角度的变化，12 时功率输出达到负载的额定功率，出水量也达到额定出水量。直至 17 时以后随着太阳高度角的转变太阳辐射也随之降低，水泵的提水量也迅速下降，至 17 时流量为最小，最小值为 16.3m³/h，本系统日累计提水量为 189.86m³，平均每小时提水 23.73m³。直接驱动 2.2kW 提水机组功率日变化如图 6-2 所示。

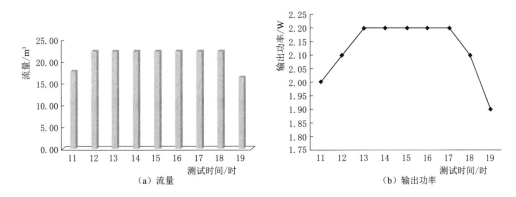

（a）流量　　　　　　　　　　　　　　（b）输出功率

图 6-2 直接驱动 2.2kW 提水机组功率日变化

3. 蓄电池储能提水机组

通过将功率 250W 的电池板 24 块进行串并联组合，光伏阵列理论最大输出为 6kW，安装倾角为 45°，朝向正南，连接电池组（储能 28.8kW），通过 7kW 逆变器后与 2.2kW 水泵连接，水泵流量为 22.3m³/h，扬程 16.00m。测试时间为 2015 年 6 月

23 日 11—19 时，天气晴朗，运用光伏逆变器和电磁流量计对光伏提水系统的出水特性进行测定。输出功率稳定在 2.2kW，累计功率输出 19.8kW。

试验结果如下：11 点时测试开始系统达到额定功率，出水量为 22.32m³/h，随后输出平稳，不受太阳角度的变化的影响，直至 19 时，水泵的提水量平稳，19 时流量为 22.31m³/h，系统日累计提水量为 200.9m³，平均每小时提水 25.11m³。蓄电池储能 2.2kW 提水机功率日变化如图 6-3 所示。

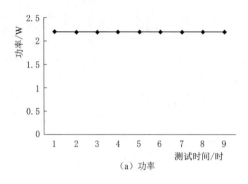

（a）功率

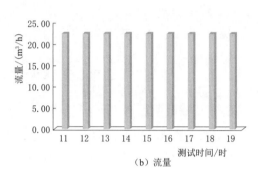

（b）流量

图 6-3 蓄电池储能 2.2kW 提水机组功率日变化

4. 不同提水机组经济性评价

输出 2.2kW 的蓄电池储能提水机组组装安装成本为 7.92 万元，输出 2.2kW 的光伏阵列直接驱动提水机组安装成本为 3.35 万元，对比两套机组的系统构成及市场价格可以看出价格的差异主要体现在以下主要方面：①蓄电池 2.16 万元；②光伏电池板 1.2 万元；③逆变器 0.31 万元；④支架及安装 0.7 万元。合计差价 4.38 万元，即本次组装的蓄电池储能提水机组在价格上是光伏阵列直接驱动提水机组 2.2 倍。

通过测试两类不同机组的出力特性及提水特征可以看出，蓄电池储能提水机组较光伏阵列直接驱动提水机组输出稳定，储能放电的过程可以分离，提水时间可控性强。从测试过程看，同样 8h 的工作过程，蓄电池储能提水机组日累计提水量为 200.9m³，平均每小时提水 25.11m³；光伏阵列直接驱动提水机组日累计提水量为 189.86m³，平均每小时提水 23.73m³，两套机组的提水效率相差不大，通过合理的管理均能满足作物灌溉的需要；从两套机组的安装成本来看蓄电池储能提水机组是光伏阵列直接驱动提水机组的 2.2 倍，主要差别体现在储能的电池组、光伏电池和不同控制器的差别，同时由于蓄电池的易损性，后期维护成本也较高。不同提水机组安装成本对照表见表 6-1。

表 6-1 不同提水机组安装成本对照表

序号	蓄电池储能提水机组			光伏阵列直接驱动提水机组		
	系统构成	数量	价格/元	系统构成	数量	价格/元
1	2.2kW 水泵	1	800	2.2kW 水泵	1	800
2	工作电压 30V，功率 250W 光伏板	24	30000	工作电压 17.50V，功率 120W 光伏板	30	18000

序号	蓄电池储能提水机组			光伏阵列直接驱动提水机组		
	系统构成	数量	价格/元	系统构成	数量	价格/元
3	7kW 逆变器	1	10000	3kW 变频器	1	6900
4	单体 2V，600Ah 胶体电池组	24	21600	无		
5	支架加工及安装	1	16200	支架加工及安装	1	9200
6	水表 50mm	1	100	水表 50mm	1	100
7	其他配件	1	500	其他配件	1	500
	合计		79200			35500

6.2.2 光伏提水系统设计及应用

1. 建设条件

试验点位于青河县阿苇灌区二干管首部位置，水源供水条件良好，能够满足试验灌水需求，水质符合灌溉水质标准二类水质。该地区位于东经 $89°47'\sim91°04'$，北纬 $45°00'\sim47°20'$，属大陆性北温带干旱气候，四季变化明显，空气干燥，冬季漫长而寒冷，夏季凉爽。地表太阳辐照度年总量为 $500\sim650kJ/(cm^2 \cdot a)$，年平均值为 $580kJ/(cm^2 \cdot a)$，年总辐射量比同纬度地区高 $10\%\sim15\%$，建设光伏提水系统条件优越。

2. 灌水方案设计

通过紫花苜蓿的灌溉制度试验可知：紫花苜蓿第一茬的灌溉制度为：返青期灌水量 $15m^3$/亩，灌水周期 5 天；分枝期灌水定额 $15m^3$/亩，灌水周期 5 天；现蕾期灌水量 $25m^3$/亩，灌水周期 5 天；开花期灌水量 $25m^3$/亩，灌水周期 10 天，可以满足经济合理的要求。紫花苜蓿第一茬灌水约 11 次，总灌水量为 $205m^3$/亩。第二茬灌水制度为：生分枝期灌水周期 5 天，灌水定额 $25m^3$/亩；现蕾期灌水周期 5 天，灌水定额 $20m^3$/亩；开花期灌水周期 15 天，灌水定额 $25m^3$/亩，第二茬灌水 15 次，灌水总量为 $355m^3$/亩。紫花苜蓿整个生育期灌水 26 次，灌溉定额 $530m^3$/亩，可以得到较好的产量。

3. 系统主要设备构成

光伏提水系统设计设备的主要构成，主要分为以下部分：

（1）光伏发电系统：主要包括太阳能电池、变频器及安装支架。

（2）灌溉首部系统：主要包括水泵、过滤器，蓄水池可根据现场实际情况建设或不建设。

（3）田间管网：主要包括干、支输水管道、田间滴灌带及相关配件。

（4）其他配件：主要是为系统安全和测试安装的放水阀、逆止阀、流量计和水表等设备。

本套系统设备投入费用合计 22.248 万元，现场布置示意图如图 6-4 所示。主要设备及价格构成见表 6-2。

图 6-4 现场布置示意图

表 6-2 光伏提水系统主要设备及价格构成

分类	设备名称	规 格 参 数	数量	市场价格/元
光伏发电系统	太阳能电池	规格：1210mm×670mm×35mm	96	69200
	变频器	型号：ZWBP-10kW	1	17000
	支架及安装	材料：钢制热镀锌C型钢	1	26000
灌溉首部系统	水泵	功率：7.5kW 流量：52m³/h，扬程38.00m	1	2000
	过滤器	流量：45~100m³/h 工作压力：0.1~1.6MPa	1	35000
	蓄水池	规格：7m×7m×1.5m，容积73.5m³	1	56000
田间管网	输水管主管	材料：PVC，规格：90mm	600	6000
	支管	材料：PE，规格：90mm	250	1000
	滴管带	边缝式，滴头流量3.2L/h，间距为30cm	38000	7600
其他配件	放水阀	材料：PVC，90mm	1	40
	逆止阀	规格：DN80，双碟式	1	280
	电磁流量计	规格：DN80，工作压：0.66~70MPa	1	2100
	水表	规格：75mm	1	260
合计/万元				22.248

4. 现场系统测试

（1）测试1。2016年7月12日11—19时，天气晴朗，运行光伏控制器及电磁流量计对光伏提水系统灌溉过程进行现场测定，当日光伏提水系统最高输出功率为7.7kW，最低输出功率为4.2kW，日累计功率输出65.7kW·h。11时系统尚未达到额定功率，出水量仅27.4m³/h，随着太阳角度的变化，12时30分时功率输出达到负载的额定功率，瞬时出水量为52.27m³，随后功率输出稳定，出水量也稳定在52m³/h以上，直至18时以后，输出功率开始下降，出水量也迅速下降，19时30分为最低，流量仅为

22.67m³/h，至 20 时系统停止出水，系统工作 8h，日累计提水量为 409.52m³，平均每小时提水 51.2m³。测试 1（7 月 12 日）测试功率输出及流量日变化如图 6-5 所示。

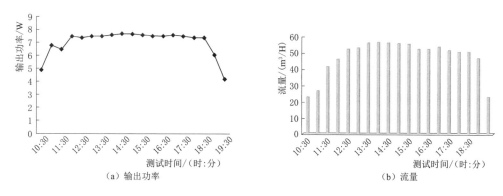

（a）输出功率　　　　　　　　　　　　　　（b）流量

图 6-5　测试 1（7 月 12 日）测试功率输出及流量日变化

（2）测试 2。2016 年 9 月 15 日 12—19 时，运行光伏控制器及电磁流量计对光伏提水系统灌溉过程进行现场测定，当日光伏提水系统最高输出功率为 7.7kW，由于空中云层的影响，最低输出功率为 3.2kW，日累计功率输出 51.2kW·h。13 时 30 分系统尚未达到额定功率，出水量仅 52.35m³/h，随后功率输出稳定，直至 16 时，由于云层的影响，系统停止出水，至 16 时 30 分后，继续出水且流量稳定在 52m³/h 以上，17 时 30 分之后出水量迅速下降，至 19 时降至当日最低位，即 45.1m³，日累计提水量为 342.21m³。测试 2（9 月 15 日）测试功率输出及流量日变化如图 6-6 所示。

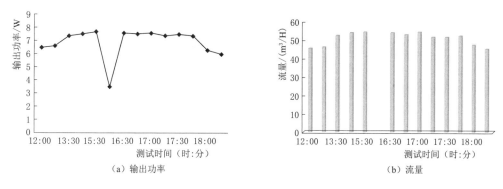

（a）输出功率　　　　　　　　　　　　　　（b）流量

图 6-6　测试 2（9 月 15 日）测试输出功率输出及流量日变化

6.2.3　光伏阵列直接驱动提水机组应用技术模式

新疆牧区有着独特的自然地理环境和社会经济状况，基于以上研究基础，从经济性和实用性考量，针对牧区灌溉需求提出以下了 3 种光伏提水技术的应用模式。

1. 储水自压滴灌应用模式

2001 年以来，国家在牧区安排专项资金用于新疆牧区水利项目建设，同时地方财政也投入资金用于牧区水利和灌溉饲草料地建设，到 2011 年规划灌溉饲草料地面积达到 20.96 万 hm^2，开展以人工饲草料地为主要内容的牧区水利建设。储水自压滴灌应用模式的使用拓展了饲草料基地建设的地域和形式，该模式可在离电网较远区域应用，选择在水源条件较好、光能丰富的地区，建设大流量的系统，结合节水灌溉技术，可解决牲畜的饲草料供应问题。

推荐技术方案：光伏电池 120Wp，96 组，理论峰值功 11.5kW；水泵功率 7.5kW，$H=35m$，$Q=56m^3/h$；变频器型号：ZWBP-10kW。日提水能力 448m^3，可控制首蓿灌溉面积面积 80 亩。

灌水方案及田间布置：生育期灌水约 26 次，灌溉定额 530m^3/亩左右，最大灌水定额 25m^3/亩，灌水周期为 5 天；田间管网布置滴头流量为 3.2L/h，滴头间距为 30cm，滴灌带埋深 10cm，间距为 60cm。储水自压滴灌应用模式示意图如图 6-7 所示。

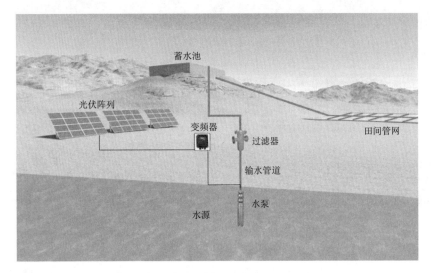

图 6-7　储水自压滴灌应用模式示意图

2. 牧区家庭小单元应用模式

由于受到资源条件和经济环境的限制，新疆牧区长期处于半封闭状态，生产方式粗放，四季游牧，逐水草而居，是牧民基本的生活生产方式。牧区家庭小单元应用模式具有成本低廉、清洁环保、便于携带和拆装、在偏远地区使用不受限制的诸多优点，在以家庭为单元的牧区生产经营中有较广阔的应用空间，可解决偏远牧区人畜饮水、牧草灌溉以及生活用电等需求。

推荐技术方案：光伏电池 100W，32 组，理论峰值功 3.2kW；水泵功率 1.5kW，$H=13m$，$Q=18m^3/h$；逆变器型号：ZWBP-5kW，蓄电池：12V，200Ah，2 组；日提水能力 144m^3，可控制首蓿灌溉面积面积 25 亩。

灌水方案及田间布置：生育期灌水 26 次左右，灌溉定额 530m^3/亩左右，最大灌水定 25m^3/亩，灌水周期为 5 天；田间管网布置滴头流量为 3.2L/h，滴头间距为 30cm，滴灌带埋深 10cm，间距为 60cm。牧区家庭小单元应用模式示意图如图 6-8 所示。

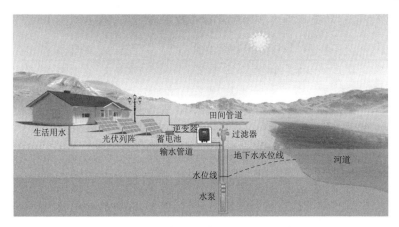

图 6-8 牧区家庭小单元应用模式示意图

3. 移动应急抗旱应用模式

新疆牧区草原多分布在缺水地区，仅天山西部段草原降雨量较多，20 世纪 50 年代以来，草原受旱面积逐渐增大。牧区经常发生春旱、夏旱和春夏旱，同时冬季到初春的旱灾也是新疆牧区主要干旱灾害之一。为了减少干旱灾害对牧区草原的影响，基于光伏阵列直接驱动提水机组提出了移动式应急抗旱应用模式，通过牵引机械，将光伏提水系统运至具有水源条件的受旱草场以抗旱灌溉，可以有效减少干旱对草场的影响，从而降低旱灾生产生活的影响。

推荐技术方案：光伏电池 120W，32 组，理论峰值功 3.8kW；水泵功率 2.2kW，$H=16m$，$Q=22m^3/h$；变频器型号：ZWBP-5kW。日提水能力 176m^3，可控制首蓿灌溉面积面积 35 亩。

灌水方案及田间布置：生育期灌水 26 次，灌溉定额 530m^3/亩，最大灌水定 25m^3/亩，灌水周期为 5 天；田间管网布置滴头流量为 3.2L/h，滴头间距为 30cm，滴灌带埋深 10cm，间距为 60cm。移动应急抗旱应用模式示意图如图 6-9 所示。

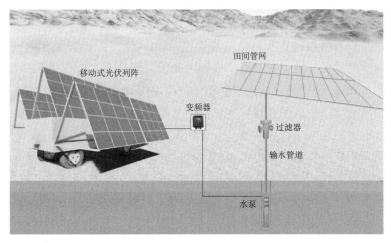

图 6-9 移动应急抗旱应用模式示意图

光伏阵列直接驱动提水机组应用模式推荐技术方案见表 6 - 3。

表 6 - 3　　　　　　　　光伏阵列直接驱动提水机组应用技术模式推荐方案

方　案		储水自压滴灌应用模式	牧区家庭小单元应用模式	移动应急抗旱应用模式
基本配置	光伏电池	规格：1210×670×35，参数：12V120W，数量：96 组	规格：1210×670×35，参数：12V120W，数量：32 组	规格：1190×540×35，参数：12V120W，数量：32 组
	水泵	规格：7.5kW，$H=35$m，$Q=56$m³/h	规格：1.5kW，参数：$H=13$，$Q=18$m³/h	规格：2.2kW，参数：$H=16$，$Q=22$m³/h
	变频器	规格：ZWBP - 10kW	规格：ZWBP - 5kW	规格：ZWBP - 5kW
	安装及支架	材料：钢制热镀锌 C 型钢	材料：钢制热镀锌 C 型钢	材料：钢制热镀锌 C 型钢
	蓄电池			
出水定额/(m³/h)		56	18	22
工作时间/h			8	
日提水能力/m³		448	144	176
控制面积/亩		80	25	35

6.3　研究成果

（1）通过理论分析及现场试验，设计方案理论控制面积 80 亩，实际由于条件限制仅设了两个轮灌组，每个小区面积 16 亩，亩灌溉定额 530m³。通过设计组装 7.5kW 光伏阵列直接驱动提水机组测试可知通过科学合理的设计方案和高质量的施工，光伏提水系统与田间滴灌系统的组合可以满足作物灌溉的需要，本次试验田亩产干草 700kg，其中第一茬 450kg，第二茬 250kg，与当地苜蓿生产水平相比属于高产。现场试验过程中受设备、天气等条件的影响，提水过程中常有不稳定的现象发生，但是对于苜蓿的灌溉影响不大。

（2）根据牧区现场调研，针对当前实际需求，提出了三种光伏提水应急抗旱技术模式，分别为①储水自压滴灌应用模式；②移动应急抗旱应用模式；③牧区家庭小单元应用模式。通过与柴油机系统效益相比较（见表 6 - 4）可以看出，光伏阵列直接驱动提水机组三种技术模式的一次性建设成本分别为储水自压滴灌应用模式 11.43 万元，移动应急抗旱应用模式 4.13 万元，牧区家庭小单位应用模式 3.96 万元，在相同功率条件下远高于柴油机发电提水机组的建设成本；以光伏电池的使用寿命为 25～30 年计算，柴油机发电提水机组后期的运行成本较高，从长期运行的经济效益来看，三种光伏提水系统技术应用模式均优于柴油机发电提水机组，同时还有减少污染、无油耗的优势。

（3）光伏提水系统以太阳能驱动，具有绿色环保、应用范围广、使用寿命长等优点，同时结构简单，系统组合容易，加之现在均采用自动控制技术，操作、维护简单，运行稳定可靠。但是太阳能能量密度低，这一装置实际上是低密度能量的收集和利用，因此，其具有占地面积大、间歇性、随机性、地域依赖性等不足，就目前的市场情况来看，使用成本较高。

表 6-4 光伏提水系统与柴油机系统效益对比表

应用模式		储水自压滴灌应用模式		移动应急抗旱应用模式		牧区家庭小单元应用模式	
基本配置及成本/元		光伏电池	69120	光伏电池	23040	光伏电池	21600
		水泵（7.5kW）	2000	水泵（2.2kW）	800	水泵（1.5kW）	600
		变频器	17000	变频器	9500	逆频器	8000
		安装及支架	26000	移动式折叠支架	12000	安装及支架	6000
						蓄电池	3300
		合计	114320	合计	41340	合计	39500
同功率油机配置及成本/元		柴油发电机	12000	柴油发电机	5000	柴油发电机	3000
		水泵（7.5kW）	2000	水泵（2.2kW）	800	水泵（1.5kW）	600
		合计	14000	合计	5800	合计	3600
		年运行费	12940	年运行费	2343	年运行费	1849
控制灌溉面积/亩		80		35		25	
光伏提水年收益/元		60000		26250		18750	
运行年限/年				25			
柴油机系统累计经济效益/万元		117.7		59.8		42.3	
光伏提水效益	累计经济效益/万元	150		65.6		46.9	
	累计节油/t	50.2		9.1		7.2	
	减少 CO_2 排放/t	156		28		22	

注：计算中需要说明的是：滴管苜蓿产量 750kg/亩，价格 1.4 元/kg，其他投入 300 元/亩。

光伏电池价格三种模式分别为 120W×96 组、120W×32 组和 100W×36 组，太阳能电池价格为 6.5 元/W。

柴油价格为 5.52 元/L，柴油机油耗 200g/(kW·h)，三种功率水泵分别配置 9kW、2.7kW 和 1.8kW 的柴油发电机。

CO_2 排放的计算为 1t 柴油燃烧释放 3.2t CO_2。

第7章　新疆牧区饲草自压滴灌技术集成与示范

本章介绍在苜蓿浅埋式滴灌技术基础上，全面调查、总结国内外饲草高效节水技术，将理论分析与田间试验、宏观与微观、设备集成与试验示范相结合，建立适合新疆的饲草高效节水技术体系，并通过示范推广形成技术管理模式，将典型区苜蓿滴灌水分高效利用技术模式及泥沙处理技术进行集成，建成3000亩的高效节水技术示范区，以点带面，辐射推广。本章还重点分析了示范区应用效果，可以为苜蓿高效用水技术的推广应用提供理论参考。

7.1　新疆牧区饲草自压滴灌技术模式

新疆牧区具有很好的自压地形条件，自压滴灌具有节水节能等优点，课题组对新疆8个地州市（县）已实施的自压滴灌工程进行调研，总结地表水自压滴灌设计、施工与运行管理等方面的经验，对工程中的关键技术及设计参数进行分析，结合苜蓿浅埋式滴灌技术提出新疆牧区饲草自压滴灌节水技术集成模式。

7.1.1　技术特点

新疆牧区饲草自压滴灌节水技术模式具体内容包括：引水渠首（水库）＋输水干渠＋沉砂调节池＋输配水管网（首部过滤器）＋田间管网。该模式以地表水为主要水源，可以直接在河道、水库下游河道或水库放水渠下游的合适地点、大型灌区总干渠的合适位置建设引水工程。以沉砂调节池为管网系统首部，利用管道进行输配水，配套田间首部过滤、施肥以及高效节水灌溉工程，通过输配水管网，进入田间灌溉系统。该模式作物主要为多年生苜蓿，田间灌溉形式采用浅埋式滴灌。紫花苜蓿浅埋式滴灌如图7-1所示。

图7-1　紫花苜蓿浅埋式滴灌

7.1.2 关键技术

新疆牧区饲草自压滴灌关键技术主要包括河水滴灌滤网式重力沉砂池技术、滴灌首部过滤技术、田间首蓿浅埋式滴灌技术及自压大系统滴灌高效用水管理模式。三种技术模式图如图7-2所示。

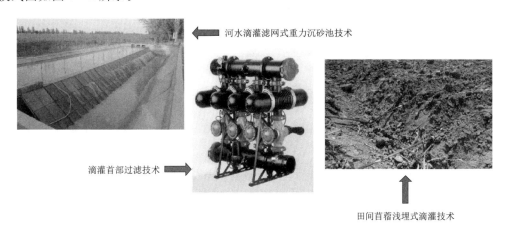

河水滴灌滤网式重力沉砂池技术

滴灌首部过滤技术

田间苜蓿浅埋式滴灌技术

图7-2 三种技术模式图

1. 河水滴灌滤网式重力沉砂池技术

新疆河流泥沙含量高，地表水泥沙处理技术成为推广以地表水为水源的田间高效节水技术的关键制约因素。采用河水自压滴灌滤网式重力沉砂池技术，可以实现自流过滤与沉沙处理一体化，提高沉沙效率，提升纤维质杂质清除效率，延长泵后一级过滤器堵塞周期，扩大河水滴灌系统首部水质适用条件，大幅提高恶劣水质下滴灌系统的适应能力和运行效率。

2. 滴灌首部过滤技术

该技术根据不同水质及含沙条件，根据现有推广应用的首部过滤器，分析不同类型与规格过滤器的泥沙处理特性以及如除砂率、堵塞周期、水头损失等技术参数，制定不同水源条件下的离心＋自吸网式、离心＋自控反冲叠片、离心＋砂石＋自控反冲叠片等不同过滤器的组合应用方式。

3. 田间苜蓿浅埋式滴灌技术

该技术通过项目研究，集成田间苜蓿浅埋式滴灌技术的水分优化管理技术、栽培技术、田间毛管布置方式，形成苜蓿浅埋式滴灌技术节水增产管理应用模式，进行推广应用。

4. 自压大系统滴灌高效用水管理模式

该管理模式主要对分散农户手中的土地实行统一管理，农户以土地、资金入股方式加入合作社，成为合作社社员（股东）。整个生产过程由合作社统一经营管理，实现了品种、种植、施肥、灌溉、病虫害防治、田间管理、采摘、销售"八统一"。将首部工程管理与地上田间工程管理统一起来，高效节水工程由合作社负责筹资建设，产权归合作社所有。工程建成后，聘请专业人员运行管理，管理人员报酬由合作社负责发放。

总结示范区现有的管理方式，将高效节水技术与农业土地集约化经营、专业合作社等现代农业组织管理机制有机结合，形成了高效节水技术集成与现代农业组织管理模式的推广应用。

7.1.3 应用管理

1. 河水滴灌滤网式重力沉砂池技术

新疆特殊的地理条件，以及牧区以高原、山地为主地形，为我区饲草基地提供了合理的地形高差，推荐使用河水滴灌滤网式重力沉砂池。河水滴灌滤网式重力沉砂池可以作为沉淀池，减轻砂石过滤器负荷；上游植被好，水质条件较理想，可以起到替代网式过滤器的作用。

（1）工作原理。河水滴灌滤网式重力沉砂池为定期冲洗式沉砂过滤池，由引渠、上游联接段、进口闸、沉砂池、溢流堰、过滤池、下游联接段、排砂闸等部分组成。其基本原理是原水从引渠进入条形沉砂池，经过初步沉淀后，大颗粒泥沙沉淀于池底，表层水通过溢流堰经过不锈钢滤网板过滤后进入清水池，通过输水管道向滴灌系统供水，而过滤的泥沙、漂浮物及浮游生物被水流冲入集污槽内。河水滴灌滤网式重力沉砂池如图7-3所示。

图7-3 河水滴灌滤网式重力沉砂池

（2）运行管理：

1）需借助高压水枪人工定期对不锈钢滤网进行冲洗，当上游来水杂质较多时，需提高冲洗频率。

2）打开设置在集污槽底部的放空冲沙管后，将沉积下来的泥沙及污物用水流冲出池外。

3）打开条形沉沙池排沙闸后，将条形沉沙池内淤积的泥沙、漂浮物通过水流冲力排出池外。

4）滤网生物质较多，堵塞滤网孔时，需利用特殊溶剂浸泡滤网，一定时间后，用高压水枪冲洗。

2. 滴灌首部过滤技术

河水自压滴灌系统首部图如图7-4所示。

图7-4　河水自压滴灌系统首部图

河水滴灌系统首部过滤器一般由砂石过滤器＋筛网过滤器/碟片过滤器组成。砂石＋筛网式过滤器如图7-5所示。

图7-5　砂石＋筛网式过滤器

（1）砂石过滤器。

1）工作原理。砂石过滤器也称介质过滤器，是一种以砂石为介质的有压过滤罐。其工作原理是当水流由进水口达到介质层，大部分污染物被截留在介质的上表面，细小的污物及其他浮动的有机物被截留在介质层内部，而较清洁的水通过出水口进入灌溉管道。在水源水质很差的情况下砂石过滤器使用较多，对滤除有机质的效果很好，但不能滤除淤泥和极细土粒。

2）运行管理。介质过滤器一般是用于地表水源的初级过滤装置，在后面连接网式过滤器或叠片过滤器。

介质过滤器运行时要求：灌溉季节期间，定期检查过滤器中的介质厚度，并根据水质的变化情况及时调整过滤器反冲洗的时间和频率，以保证灌溉系统要求的水质质量。

使用保养说明：

a. 检查压力表状况，是否工作正常。

b. 灌溉季节结束后及时清洗介质或更换介质。

c. 冬季来临时，要排净过滤器内的积水，以防止冻胀。

（2）筛网过滤器。

1）工作原理。筛网过滤器由承压外壳和滤网芯构成。水由进水口进入经过滤网滤除杂质后，由出水口排出清水。该过滤器一般作为二级过滤使用，可以与水力除砂旋流器组合或介质过滤器组合使用。按照清洗方式分为人工清洗和自动清洗两类。按排污驱动形式分为水力驱动和电力驱动自动清洗网式过滤器。下面以自动清洗网式过滤器为例说明其工作原理：水由入口进入，首先经过粗滤网滤掉较大颗粒的杂质，然后到达细滤网。在过滤过程中，细滤网逐渐累积水中的脏物、杂质，形成过滤杂质层，由于杂质层堆积在细滤网的内侧，因此在细滤网的内、外两侧就形成了一个压差。当这个压差达到预设值时，将开始自动清洗过程，此间不断流。排污阀打开，由液压活塞释放压力并将水排出；液压马达室及吸污管内的压力大幅度下降，由此通过吸嘴及液压马达室外端产生一个吸污过程。当水流经液压马达时，带动吸污管进行轴向运动并旋转，逐渐将污水排出。整个冲洗过程需 10～30s。排污阀在冲洗结束时关闭，过滤器开始准备下一个冲洗周期。横式网式过滤器如图 7-6 所示。立式网式过滤器如图 7-7 所示。

2）运行管理：

a. 注意进出水口的压力变化，当进出水口的压差超出设定值时，检查过滤器是否堵塞，并根据水质的变化情况及时调整过滤器反冲洗的时间和频率。

b. 定期检查过滤器中的滤网，以避免滤网被损坏。

c. 定期检查排污阀是否堵塞，以保证灌溉系统要求的水质质量。

d. 冬季来临时，要排净过滤器内的积水，以防止冻胀。

e. 定期对网式过滤器外表进行防锈处理。

（3）叠片过滤器。

1）工作原理。通过互相压紧且表面刻有沟纹的塑料叠片实现了表面过滤与深度过滤的结合。自动叠片过滤

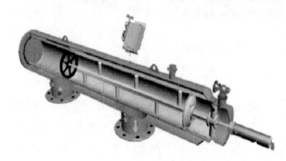

图 7-6 横式网式过滤器

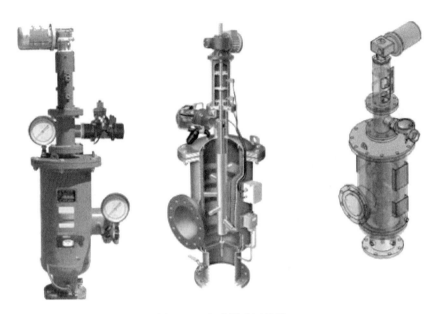

图7-7　立式网式过滤器

器通过巧妙设计的过滤装置实现了过滤、反冲洗、自动切换、循环往复的工艺过程。过滤叠片如图7-8所示。

图7-8　过滤叠片

过滤叠片表面刻有细微沟纹，相邻叠片沟纹走向的角度不同，因而彼此形成许多沟纹交叉点，不同规格叠片其沟纹交叉点的个数也不相同，这取决于叠片的过滤精度。这些交叉点构成大量的空腔和不规则的通路，从而导致砂颗粒间的碰撞凝聚，使其更容易在下一个交叉点被拦截，因此即使一些颗粒从最初的交叉点漏过，最终仍会被后面的交叉点拦截。当叠片之间的沟纹累积大量杂质后，过滤器装置通过改变进出水流方向，自动打开压紧的叠片，并从反面喷射压力水驱动叠片高速旋转，通过压力水的冲刷使叠片得到清洗。然后再改变进出水流向，恢复初始的过滤状态。叠片过滤器如图7-9所示。

图 7-9 叠片过滤器

2）运行管理。

a. 每周检查进水、出水及压差，是否符合设计要求，系统有无泄漏控制器是否正确，各阀门是否在指定位置。

b. 每月运行并检查压差启动反洗是否正确，检查并维护电磁阀。检查并维护反洗阀；检查出水压力和排污压力（反洗时）；清洗结束后，打开一个过滤头的盖子检查叠片是否清洗干净。

c. 查看统计数据，根据统计数据分析系统运行状况并适当进行优化运行。

3. 田间首蓿浅埋式滴灌技术

随水施肥是滴灌系统的重要功能，是提高肥料利用率和作物产量的重要因素。

（1）滴灌首部施肥装置。滴灌系统中向压力管道内注入可溶性肥料的设备和装置称为施肥装置。施肥装置采用压差式、注入式和自吸式均可。常用的施肥装置为压差式施肥装置。

该施肥装置由肥料罐、进水管、出水管、闸阀等组成。压差式施肥罐如图 7-10 所示。进水管和出水管与主管道连接，在主管上位于肥料罐进、出水管连接点的中间设调压闸阀，利用调压闸阀产生压差，由水流将罐内肥料溶液输送到管网中进入田间。

（2）施肥装置操作程序：

1）打开施肥罐，将所需滴施的肥（药）倒入施肥罐中，固体颗粒不宜超过罐体容量的 1/2。

2）打开进水球阀，当肥水混合物达到施肥罐容量的 2/3 后关闭进水阀门，并将施肥罐上盖拧紧。

3）施肥（药）时，先开施肥罐出水球阀，再打开其进水球阀，稍后缓慢关两球阀间的闸阀，使其前后压力表差比原压力差增加约 0.05MPa，通过增加的压力差将罐中肥料带入滴灌系统之中。

4）施肥（药）20~40min 左右即可完毕，具体情况根据经验以及罐体容积大小和肥（药）量的多少判定。

图 7-10 压差式施肥罐

5）施完一轮灌组后，将两侧球阀关闭，先关进水阀后关出水阀，将罐底球阀打开，把水放尽，再进行下一轮灌组施肥。

（3）施肥装置操作注意事项

1）注入装置一定要安装在水源和过滤器之间，以免未溶解的肥料或其他杂质进入滴灌系统。

2）施肥、施药后必须用清水把残留在系统内的肥液或农药冲洗干净，以防止设备被腐蚀。

3）水源与注入装置之间一定要安装逆止阀，以防肥液或农药进入水源，造成污染。

4．自压大系统滴灌高效用水管理模式

（1）选地和整地：

1）选地。良好的播种紫花苜蓿的土地包括以下特点：

a．土层深厚、盐分含量较低。

b．土壤需要具有一定肥力。

c．土壤 pH 介于 6.5～7.8（8.0）。

d．土壤排水性好（低洼的区域易于积水和起冰层）。

e．前茬以禾谷类作物为好，前茬是苜蓿，需要轮作来降低自毒作用的风险。

f．杂草要少，特别是根茎型禾草（如芦苇）要少或没有。

2）整地。理想的土壤状况是平整、紧实、无大块；用作播种紫花苜蓿的土地，要于上年前作收货后，即进行浅耕灭茬，再深翻，冬春季做好耙糖，镇压蓄水保墒工作，播种前，再浅耕或耙耱整地。苜蓿播种适宜的土壤如图 7-11 所示。

图 7-11 苜蓿播种适宜的土壤

（2）播种：

1）适时播种。一般在一年一熟地区应以春、夏播种为主，宜早播不宜晚播；播种前要晒种 2～3 天，以打破休眠，提高发芽率；原则上苜蓿出苗后要有不少于 60 天的生长时间。

2）播种方式。紫花苜蓿浅埋式滴灌一般采用条播，播深 2～3cm，行距 30cm，播种量 0.8～1.5kg/亩，当土壤性状优良、整地精细和气候较为适宜时，可减少播种量，播种条件较差时，可适当增加播种量。

图 7-12　播种铺带一体机

播种和铺管同时进行，滴管带浅埋入土 5～10cm，滴管带带间距 60cm。播种铺带一体机如图 7-12 所示。

（3）灌水：

1）播后灌溉。对于干旱地区，地表墒不足时，播后应立即灌水，灌水定额 30～40m³/亩。对于雨后湿播，根据土壤墒情，应该适时适量补充灌溉。

2）生长灌溉。苜蓿全生育期灌溉定额 6450m³/hm² 左右，灌水 18 次左右，灌溉定额随不同区域和产量有所增减。

第一茬返青期：灌水周期 9 天左右，灌水 2 次，灌水定额 300m³/hm²，可根据气候条件适当增减。在温度允许的条件下，第一次灌水可适当提前，以加快紫花苜蓿的返青速度。

第一茬分枝期：灌水周期 6 天左右，灌水 3 次，灌水定额 375m³/hm²。

第一茬现蕾期：灌水周期 6 天左右，灌水 2 次，灌水定额 450m³/hm²。

第一茬初花期：灌水周期 9 天左右，灌水 1 次，灌水定额 450m³/hm²。

第二茬返青期：灌水周期 6 天，灌水 2 次，灌水定额 300m³/hm²，可根据土壤保水条件适当增减。

第二茬分枝期：灌水周期 6 天，灌水 5 次，灌水定额 300m³/hm²。

第二茬现蕾期：灌水周期 6 天，灌水 1 次，灌水定额 375m³/hm²。

第二茬初花期：灌水周期 9 天，灌水 2 次，灌水定额 450m³/hm²。

紫花苜蓿浅埋式滴灌灌溉制度见表 7-1。

表 7-1　　　　　　　　　　　紫花苜蓿浅埋式滴灌灌溉制度

物候期	项目	时间/d	灌水次数/次	灌水周期/d	灌水定额/(m³/hm²)
第一茬	返青期	15	2	9	300
	分枝期	18	3	6	375
	现蕾期	10	2	6	450
	初花期	7	1	9	450
第二茬	返青期	10	2	6	300
	分枝期	29	5	6	300
	现蕾期	10	1	6	375
	初花期	15	2	9	450
合计定额		114	18		6450

以上灌溉制度源于新疆青河县阿苇灌区试验数据，当地属于大陆性北温带干旱气候，冬季漫长寒冷，风势较大，夏季酷热，可根据区域环境和降雨条件做出适当调整，

可通过延长灌水时间，减小灌溉水量等合理、科学的方法进行适当调整。

（4）施肥。为了使苜蓿高产、稳产、优质，就必须注意施肥，尤其是磷、钾肥。磷肥一般在播前或播种时施入，也可在苜蓿返青时或刈割后施入。因为钾是苜蓿中含量比较高的一种元素，参与苜蓿生长的全过程，所以钾肥要分期施用，即可以作为种肥施入，也可在苜蓿生长过程中施入。紫花苜蓿整个生长过程施肥主要包括以下三种形式。

1）基肥。紫花苜蓿播种前要施足基肥，主要是磷、钾肥或有机肥，施肥方法宜采用撒施，然后深翻。播前一般施磷肥（二铵）10～15kg/亩、钾肥5～10kg/亩，农家肥1500～2500kg/亩。对于土壤肥力低下的，宜施氮肥（尿素）3～5kg/亩，以促进幼苗生长。

2）返青时施肥。紫花苜蓿春季返青前应施磷钾肥一次，采用磷钾易溶性肥料加入施肥罐随水进入滴灌系统后滴施。返青时一般施磷肥（二铵）5～10kg/亩、钾肥20～30kg/亩。

3）追肥。紫花苜蓿在快速生长期宜追施氮钾（追施氮肥量应不超过5kg/亩）易溶性肥料一次，利用配套的施肥罐或水肥一体化系统装置随滴灌灌水追施肥料。

紫花苜蓿生长需要维持良好的土壤肥力，不断补充养分，特别是钾肥能增强苜蓿的抗寒性。在苜蓿进入冬季休眠期之前，一般情况下施钾肥10～15kg/亩。

施肥量主要根据土壤肥力状况以及土壤持肥能力确定，具体操作可根据植株生长状况对施肥时间和施肥量进行判别。

（5）刈割。

1）刈割时间。在我国有灌溉条件的北部一般以每年刈割2～3茬为好，南部地区3～4茬，最后一次刈割后，要确保苜蓿有不少于5周的连续生长时间，最短不得少于4周。

2～3个分枝的植株才能安全越冬，而呈幼苗状的苜蓿不能安全越冬。故播种当年的苜蓿要适当早割，刈割后要确保有50天以上的生长时间。

生长2年以上的苜蓿可适当晚割，刈割后要确保有35天以上的生长时间。

初花期刈割，相对饲用价值较高。

刈割宜选在晴天，避免阴天和雨天，阴天干燥速度慢，营养物质损失数量大，如遭雨淋，则干草质量下降极大。

2）留茬高度。刈割一般以留茬高度5～7cm为宜，为控制杂草，可适当低茬刈割。越冬前最后一次刈割以留茬高度8～10cm为宜，以利越冬。

3）注意事项。刈割时注意田间管网，机械刈割时宜顺着毛管铺设方向行走，严禁垂直毛管铺设方向刈割。注意保护田间管网控制管件，避免机械对管件的碾压。

5. 浅埋式滴灌系统的运行管理

（1）毛管铺设及检修。每三年对毛管进行更换，一般滴灌带用三年后最后一茬刈割完，对废旧滴管带进行机械或人工清理，来年年初重新铺设滴管带；土质坚硬地块，也

图7-13　调节式犁埋滴灌带铺设机
（新疆牧水总站研制）

可以在第四年出，灌完返青水后，回收滴管带，再重新铺新的滴管带。滴管带铺设时合理选择机械，注意调整铺设间距和埋设深度，同时尽量使滴灌顺直带铺在两行苜蓿中间，减少铺设机械对苜蓿根系的伤害。调节式犁埋滴灌带铺设机如图7-13所示。

毛管破坏主要包括刈割时机械不当破坏，人或动物踩踏破坏，啮齿类动物啃咬以及管网冻胀、日晒、风化等因素造成的毛管连接件脱落等形式。滴管带常见的破坏形式如图7-14所示。

图7-14　滴管带常见的破坏形式

应定期对毛管进行检修，在每年灌溉开始之前对田间毛管进行整理和检修，常用的毛管检修方法包括直接替换、局部更换。对局部破损点主要采用相应的毛管连接管件直接替换，对破损较长的毛管则采用整段更换。毛管检修常用管件如图7-15所示。

饲草基地要做好围栏、铁丝网等措施，严禁冬季动物进入。同时每年苜蓿灌水前检修毛管；每茬苜蓿刈割后冲洗毛管，打开毛管末端，适当增大毛管进口压力，持续排水5～10min。

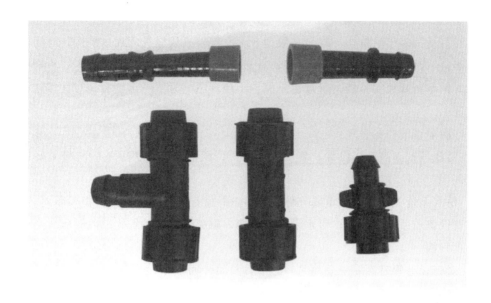

图 7-15　毛管检修常用管件

（2）干、支管维护。每年灌水前逐条检查支管和接头是否老化、破损，更换老化、破损的支管及接头，普通 PE 管使用 4～5 年，PE 软带每 3 年全部更换。

全年灌溉结束后，采用压缩空气吹洗灌溉干、支管或在管路最低位置设置泄水阀，确保排除管网中的余水，以保证整个灌溉系统冬天不发生冻胀破坏。

（3）系统试运行监测维护。每茬苜蓿灌溉前，支、毛管铺设和灌水器检修完成后，开启水泵，检查微灌系统工作是否正常，并对毛管检修，若有漏水或其他问题及时处理，逐级冲洗各级管道，使微灌系统处于待运行状态。

（4）保证系统安全运行，避免出现负压。浅埋式滴灌在设计时应采取合理设置空气阀或其他防负压措施，避免在关闭进水口后，支管毛管内出现负压，导致滴头吸入泥土等杂质，引发滴头堵塞。运行时，合理启闭阀门，避免系统出现负压状态。

未安装变频控制器的微灌系统应严格按照滴灌系统设计的轮灌编组灌水，安装变频控制器的微灌系统可根据需要开启支管，但需保证系统压力不低于设计工作压力。当一个轮灌小区灌溉结束后，先开启下一个轮灌组，再关闭当前轮灌组，先开后关，严禁先关后开。系统应按照设计压力运行，以保证系统正常工作。

（5）注意植物根系堵塞灌水器和毛管鼠害问题。由于植物根系的向水性，苜蓿浅埋式滴灌，一是容易发生植物根系的入侵，可能会出现苜蓿侧根穿透毛管壁进入滴灌带并沿滴灌带水平生长情况，或者是植物根系堵塞滴头，灌水不均的问题；二是鼠害问题，由于毛管是薄壁管，在一些田鼠较多的地方，滴灌带被老鼠咬破的现象时有发生，这都影响浅埋式滴灌系统灌水均匀性。故苜蓿浅埋式滴灌滴灌带铺设易居于苜蓿行距中间位置，另外在选择地埋毛管时应选用特殊防鼠材质的滴灌带或滴灌管。

6. 浅埋式滴灌系统档案管理

紫花苜蓿为多年生植物，寿命一般为 6～10 年，且浅埋式滴灌系统运行时间长（一般为 3 年）。为了更好实施精细化管理，有必要对苜蓿种植地块建立档案，实施档案管理。同时饲草料基地实施档案管理也是保护土地资源、为下一年度有针对性实施田间管理的需要。

（1）滴灌系统档案管理：

1）对浅埋式滴灌系统设计、施工以及材料、设备相关资料等基础资料做好保存归档管理。

2）每次系统关闭后，对重要部件进行检查并做记录；定期检查过滤设备运行情况、记录过滤设备前后压力读数；对水泵、过滤器、施肥罐等设备发生故障时间、类型记录并做整理归档。

3）对铺设毛管时滴灌带总用量，3 年后滴灌带回收量做好记录并归档。对支、毛管每年检修用管件分类统计记录并整理归档。

（2）田间措施档案管理：

1）对紫花苜蓿种植时间、亩播种量、播种行距等基础资料做好记录和保存管理。

2）做好灌溉、施肥、用药的记录。包括记录每次灌水时间、灌水量；每次施肥的时间、用量、肥料种类，每次施药的时间、用量、肥料种类。

3）记录主要栽培措施（翻耕、病虫害防治、除草）的实施时间、技术措施和人工用量；记录苜蓿返青时间、每次的刈割时间；对杂草类型、除草时间、除草效果做好记录；

4）统计并记录各田块的产量，有条件可以测定苜蓿品质指标（蛋白质、纤维素等）并记录。

5）每隔三年，在采收后取土测定 0～60cm 土层的土壤养分和盐分，确定土壤的肥力等级并记录归档。

6）对以上记录资料还有总灌水量、施肥量、施药量、产量等进行年度汇总，并留档存底。

7.2 技术集成示范

项目技术示范位于哈密市巴里坤县西黑沟灌区，灌区于 2012 年 5 月中旬完成高效节水改造工作并开始运行，灌溉形式为自压滴管，以地表水为水源。项目区灌溉面积 7700 亩。2017 年，在原有沉砂池工程的基础上，通过修建河水滴灌滤网式重力沉砂池技术一座，包括平流式沉沙池，滤网板过滤器，清水池，进水、排沙、放空管路，实现了沉砂池过水能力 $1200m^3/h$，过滤精度（μm）100 目，沉沙效率可达 60% 左右。通过首部系统改造，主要包括改造为砂石过滤器＋自动反冲洗叠片过滤器组合形式，安装五组过滤精度（μm）120 目、单头过流量 32m³/h 共 20 个过滤单元，最大设计过水量 640m³/h，实现了过滤效果提高到 80％的效果，有效延长了田间灌水器使用寿命。通过田间管网改造，一是对部分分干管进行更换，累计长度达 120m；二是检修田间地埋毛管，快速直接修复明显漏水滴灌带，必要时更换整个灌水单元，提高了灌水均匀度。最终，2017 年项目技术集成成果在巴里坤花园乡三墩梁开发区示范推广 2000 亩。2018 年，在巴里坤花园乡三墩梁开发区示范推广 3000 亩，项目累计推广应用 5000 亩。巴里坤示范区平面示意图如图 7 - 16 所示。

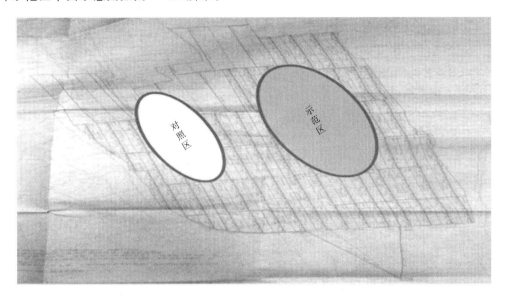

图 7 - 16　巴里坤示范区平面示意图

本项目通过沉砂池改建、首部系统改造和田间管网修复等工作的实施，实现了对河水滴灌首部过滤网沉砂池技术、新型涡流式叠片过滤技术、紫花苜蓿浅埋式滴灌技术及水分高效管理技术的集成。巴里坤花园乡三墩梁开发区属于巴里坤县西黑沟灌区，西黑沟灌区位于巴里坤县花园子乡和海子沿范围内，六个行政村，总人口 1.17 万人，灌区总面积 27.62 万亩，苜蓿和青储玉米等饲草作物为灌区种植主要作物。项目实施过程中举行现场会 1 次，培训会 1 次，累计培训当地种植大户、农业合作社社员、农业灌溉基层工作人员 100 余人次，发放技术资料 100 余份，培养专业技术人员 10 人，灌溉服务技术人员 15 名。通过本项目的执行，提高了当地农业工作者的科技意识和节水意识，实现了通过示范区以点带面、辐射推广的目的。

7.3　示范区应用效果

7.3.1　监测内容

对项目示范区和选定的对照区开展现场监测工作，计量指标主要包括用水、施肥、用电、劳动力等情况；测量指标主要有气象资料，苜蓿叶面积，苜蓿株高、茎粗，苜蓿各生育阶段生物积累量，土壤水分，叶茎比，苜蓿干物质量，主茎节数，叶绿素含量（苜蓿叶片太小）。示范区标识牌及小型气象站如图 7-17 所示。示范区植株调查和产量测定如图 7-18 所示。

图 7-17　示范区标识牌及小型气象站

图 7-18　示范区植株调查和产量测定

7.3.2　监测方法

（1）气象资料。气象资料来源于 Vantage Pro2 自动气象站，主要观测的气象数据包括最高温度、最低温度、温度、风速、风向、风寒、热指数、大气压力、降雨量、太阳辐射。

（2）苜蓿株高的测定。选取苜蓿长势均匀的部分，从该部分中选取具有代表性的 10 株苜蓿定株（标定）＋整个处理具有代表性的 10 株苜蓿（随机），每隔 10 天测一次苜蓿株高，现蕾前为从茎的最基部到最上叶顶端的距离，现蕾后为从茎的最基部到穗顶端的距离。

（3）茎粗的测定。用游标卡尺测量距地面 5cm 处的茎粗，东西、南北两方向各测 1 次，取平均值。茎粗与株高同步每隔 10 天测一次。

（4）叶面积指数测量。使用 LAI 2000 冠层仪隔 10 天测一次。

（5）苜蓿各生育阶段生物积累量。利用小样方测定苜蓿各生育阶段生物积累量，从小区内两条滴灌带所控制的区域随机选取的，两块样方面积为 30cm×30cm，刈割后称苜蓿鲜质量。同时随机取 3×500g 左右鲜草样带回实验室，人工茎叶分离，分别称鲜重，实验室烘干，分别称干重。

（6）土壤水分。布置：使用 PR2（Profile probe 2）仪器观测土壤水分，在每个小区中间的两根滴管之间布设三根 PR2 探管，其中一根探管贴近滴管布置，另一根探管布置在两根滴管中间，第三根探管布置在上述两根探管中间。

监测：

1）按照试验方案灌水，以灌水时间节点于灌水前测定土壤水分，灌水处理测，不灌水处理不测。测量深度 10cm、20cm、40cm、60cm、80cm、100cm，深度 10cm、20cm 结合烘干法测土壤水分。

2）根据植株调查结果，生育期节点加测土壤水分。

（7）叶绿素的测定。采用 SPAD－502PLUS 便携式叶绿素仪测定不同处理下苜蓿的叶绿素含量。叶绿素每隔 10 天测一次。

（8）产草量。采用样方法测定，各试验处理苜蓿开花 10％为初花期，以 1m² 为一个测量样方，留茬高度 5cm，在每个处理小区随机选取 3 个样方，用镰刀割取样方内苜蓿，称重测定鲜草产量；同时随机取 500g 左右鲜草样带回实验室烘干至恒重，折算出干草产量。

（9）叶茎比。各小区随机选取 3×500g 左右鲜草原样，人工茎叶分离，分别称鲜重，实验室烘干，分别称干重。叶茎比以风干叶重与风干茎重比值表示。

（10）主茎节数。从第 1 节间至第 1 个花序间的茎节数，随机测量 10 条主枝并取平均值。

（11）植株调查：调查每个处理进入各生育期的日期。

返青期（苗期）：越冬后萌发绿叶开始生长的日期。

分枝期：植株主茎基部侧芽生长，上有一小叶展开的日期。

现蕾期：植株上部叶腋开始出现花蕾的日期。

开花期：植株上花朵旗瓣和翼瓣张开的日期。

初花期：各试验处理苜蓿开花 10％的日期。

7.3.3 监测结果

1. 苜蓿生长特征

2017 年度和 2018 年度示范区和对照区苜蓿群体特征值见表 7－2。示范区株高和叶面积指数高于对照区,示范区各项指标值区间小于对照区,说明示范区比对照区植株长势较均匀。示范区苜蓿茎叶比小于对照区,说明示范区苜蓿叶片较多,示范区苜蓿营养价值较高。

表7-2　　　　　　　　2017年度和2018年度示范区和对照区苜蓿群体特征值

年度	区域	茬数	株高/cm		茎粗/mm		茎叶比		干鲜比		叶面积指数	
			范围	均值	范围	均值	范围	均值	范围	均值	范围	均值
2017	示范区	第一茬	80~100	85	2.67~3.45	2.96	1~1.2	1.05	0.25~0.35	0.31	5.431~9.876	8.541
		第二茬	50~72	60	2.81~3.64	2.99	1.1~1.3	1.12	0.31~0.43	0.26	4.369~8.913	6.863
	对照区	第一茬	50~110	85	1.27~3.58	3.01	1.1~1.4	1.18	0.28~0.41	0.33	3.142~6.432	5.142
		第二茬	40~70	55	2.42~3.75	3.12	1.1~1.5	1.35	0.26~0.44	0.31	2.112~7.145	3.863
2018	示范区	第一茬	75~98	89	2.96~3.55	3.12	1~1.2	1.13	0.24~0.39	0.29	4.652~8.179	7.443
		第二茬	52~81	74	2.81~3.48	3.02	1.1~1.3	1.18	0.29~0.42	0.32	4.498~8.062	6.937
	对照区	第一茬	54~106	79	1.19~3.62	3.15	1.1~1.4	1.23	0.24~0.41	0.35	2.549~7.997	5.142
		第二茬	45~66	49	2.04~3.81	3.11	1.1~1.5	1.28	0.26~0.40	0.34	2.476~7.067	3.863

2. 示范区增产效果

分别对示范区和对照区进行产量测定,结果见表7-3。

表7-3　　　　　　　　　　　　示范区和对照区产量　　　　　　　　　　　单位:kg/亩

茬数	2017年			2018年		
	示范区	对照区	增加值	示范区	对照区	增加值
第一茬	305	196	109	275	190	85
第二茬	177	104	73	176	110	66
合计	482	300	182	451	300	151

2017年,在巴里坤花园乡三墩梁开发区示范推广2000亩,平均干草单产482kg/亩,对照区干草单产300kg左右,亩增产182kg,新增总产量364 t。实现总产量964 t。2018年,在巴里坤花园乡三墩梁开发区示范推广3000亩,平均干草单产451kg/亩,对照区干草单产300kg左右,亩增产151kg,新增总产量453t,实现总产量1353t。实施两年技术累计推广应用5000亩,平均干草单产466.5kg/亩,亩增产165kg,累计增产817 t。

3. 示范区节水效果

示范区苜蓿2017年亩产482kg,亩均灌水量430m³,水分利用效率1.07kg/m³;2018年示范区亩产451kg,亩均灌水量450m³,水分利用效率1.00kg/m³。以2016年作为基准年,项目区亩产290kg,亩均灌水量610m³。水分利用效率0.48kg/m³。示范区通过工程改造和技术改进,与基准年相比,2017年灌水量减少60m³,产量增加192kg,水分利用效率提高0.61kg/m³;2018年产量提高161kg,水分利用效率提高

$0.52kg/m^3$。示范区节水效果分析见表7-4。

表7-4 示范区节水效果分析

茬数	产量/(kg/亩)			灌水量/(m³/亩)			水分利用效率/(kg/m³)		
	2016年	2017年	2018年	2016年	2017年	2018年	2016年	2017年	2018年
第一茬	190	305	275	250	215	215	0.76	1.49	1.34
第二茬	100	177	176	360	235	235	0.28	0.79	0.78
合计	290	482	451	610	450	450	0.48	1.07	1.00

通过灌水量与水分利用效率指标分析，示范区灌水定额由课题实施前的$610m^3$/亩降低到$450m^3$/亩，灌溉总水量亩均减少$160m^3$，亩均节水26.2%。在不考虑作物吸收利用水量提高的前提下，农田灌溉水有效利用系数提高35.5%，考虑作物水分利用效率提高，砂石过滤器清洗水量减少，示范区用水效率要远高于35.5%。

4. 节省劳力

苜蓿生长旺盛期，灌水量较大，当上游来水较浑浊时，定义为高峰期，示范区改造前，灌水高峰期需要每天2人对砂石过滤器专门定期清洗，否则砂石过滤器压力增大，故频繁进行清洗。此外还需1人进行田间灌溉管理。示范区改造后，沉砂池过滤效果提高60%，有效降低了砂石过滤器负荷，灌水时需设1人清洗砂石过滤器；上游来水水质较好时，定义为次高分期，需要每天1人对砂石过滤器进行一次清洗，示范区改造后，只需每5天对砂石过滤器进行一次清洗。灌水量较小时，定义为一般情况，示范区改造前，一般情况下需连续灌水5天对砂石过滤器进行一次清洗。改造后，通过首部沉砂池有效提高水质，砂石过滤器不需要专门进行人工清洗。紫花苜蓿全生育期灌水18次，灌水高峰期、次高分期、一般情况持续时间为别2天、6天、10天。经过测算，示范区经过技术改造，可以节省劳动力29.3%。此外，河水滴灌滤网式重力沉砂池采用侧堰溢流方式，具有自流过流与沉沙处理一体化的功能，解决了原沉砂池需要人工配合机械清砂的问题，有效降低了劳动力成本，因此示范区经过改造节省劳动力要远大于29.3%。示范区劳动力分析表见表7-5。

表7-5 示范区劳动力分析表

年 限	高峰期		次高峰期		一般情况		生育期累计/%
	强度/(h/d)	持续时间/d	强度/(h/d)	持续时间/d	强度/(h/d)	持续时间/d	
2015—2016年	3	2	2	6	1.2	10	30
2017—2018年	2	2	1.2	6	1	10	21.2

5. 紫花苜蓿的品质鉴定

对示范区牧草品质进行测定，结果见表7-6。

表 7 - 6　　　　　　　　　　　　　　示范区苜蓿品质结果

粗蛋白质 /%	粗脂肪 /(g/kg)	粗纤维 /%	粗灰分 /%	总磷 /%	钙 /%	钾 /(g/kg)
12.06	10.2	28.4	5.7	0.11	1.08	15

从表中苜蓿品质鉴定结果可知，苜蓿粗蛋白质、粗脂肪、粗纤维、钙含量较高，牧草比较优质。

监测结果表明示范区用水效率提高 35.5%，节劳 29.3%，项目的实施大幅度提高了牧草的生产水平，促进了新疆维吾尔自治区牧区产业结构的调整，为"定居兴牧"民生工程的顺利实施提供了技术支撑。

第8章　苜蓿浅埋式滴灌技术应用前景分析

本章重点对苜蓿浅埋式滴灌技术优点进行了介绍，并对项目研究成果的创新性、实施效果、应用前景进行了描述，论述了新疆浅埋式滴灌技术在牧区推广应用所取得的成效与遇到的主要问题，并提出了一些建议。

8.1　技术优点

1. 浅埋式滴灌技术是苜蓿种植适宜的灌溉方式

传统的地面灌溉浪费水严重，牧草产量较低。喷灌受风影响大，风速大于3级时不宜采用。对于地面滴灌技术，牧草一年收获2～3茬，收割时收割机、打包机容易将滴灌带卷起，重新铺设滴管带经济成本太高。地下滴灌技术属于微灌的一种，理论上能够解决传统的滴灌技术在牧草种植时面临的相关问题，而且毛管浅埋在地表以下，最终可以回收，消除了滴灌带残留对土壤的破坏。

2. 节水、节肥、省工

浅埋式滴灌技术采用全管道输水和局部微量灌溉，由于直接向根系提供水，可以使水分的渗漏和损失降低到最低，由于能适时供应作物根区所需水分，大大提高水资源的利用效率。同时可方便地结合施肥，即把化肥溶解后灌注入灌溉系统，肥料养分随水直接均匀地施到作物根系层，实现水肥同步，同时又因是小范围局部微量灌溉，水肥渗漏较少，故可节省化肥施用量。浅埋式滴灌技术将干、支、毛管置于地面以下，有效地减少了田间障碍物，不影响田间耕作，免除了毛管在作物种植和收获前后的安装和拆卸的工作，同时还通过相应配套农艺的机械化、自动化实施，极大提高了劳动生产率并降低了劳动强度。不同灌溉方式土壤湿润体如图8-1所示。

图8-1　不同灌溉方式土壤湿润体

3. 可以保持土壤结构，有效延长多年生作物的宿根性

在传统沟畦灌较大灌水量的作用下，使设施土壤受到较多的冲刷、压实和侵蚀，若不及时中耕松土，会导致严重板结，通气性下降，土壤结构遭到一定程度破坏。而滴灌属微量灌溉，水分缓慢均匀地渗入土壤，对土壤结构起到保持作用，并形成适宜的土壤水、肥、热环境。由于表土土壤疏松，更有利于作物呼吸和根系发育，其根系更深，对宿根性作物延长生长期更具有作用。紫花苜蓿畦灌和滴灌根系对比如图8-2所示。

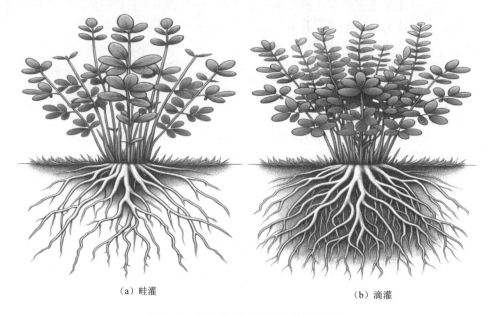

（a）畦灌 （b）滴灌

图8-2 紫花苜蓿畦灌和滴灌根系对比

4. 增产增效、防灾减灾

作物在各个生长环节都能有效地吸收到所需的养分和水分，从而最大限度地提高了作物的产量和品质。地下滴灌能够及时适量供水、供肥，可以在提高农作物产量的同时，减少水肥、农药的施用量。耕作表土层土壤干燥，可抑杀产于作物根部表土层及作物嫩叶上的虫卵及幼虫，减少杂草生长和病菌感染，降低病虫害的发生，同时地埋滴灌带可以防止滴灌带遭受风、牲畜等损坏，提高经济效益。

5. 延长滴灌带使用寿命，降低灌溉系统费用

田间滴灌带埋入土壤中，避免了阳光暴晒，减缓了滴灌带老化，延长了滴灌器材的使用寿命，滴灌带浅埋可充分利用小流量、低水头工作，节约了运行费用。

8.2 创新性

（1）紫花苜蓿浅埋式滴灌溉制度系统地研究了新疆前山牧区浅埋式滴管技术条件对

紫花苜蓿生长特征的影响，分析了紫花苜蓿耗水规律及水分利用效率，提出了牧区紫花苜蓿高产节水的灌溉制度，建立了干旱牧草节水增效的综合技术应用模式，能够为新疆牧区抗旱减灾以及高效用水提供技术支撑。

（2）浅埋式滴灌田间管网优化布置研究通过田间及室内试验阐明了浅埋式滴灌不同毛管布设下水分入渗湿润体形状以及各土层水分的具体分布，分析了水分动态变化特征，通过观测浅埋式滴灌不同毛管布置下苜蓿毛细根分布以及株高、茎粗、产量等指标，对比了不同毛管布置下各深度土层土壤含水率与毛细根垂直分布的关系，提出了苜蓿浅埋式滴灌的优化毛管布设方案。

（3）针对光伏提水技术进行系统研究及市场调研，比较市场上的光伏产品及提水设备的优劣，选择技术应用方案；进行现场勘查，设计光伏提水系统及配套设备，并进行现场安装测试；根据测试结果，进行经济性评价，针对牧区现实需求提出三种光伏提水技术系统的应用模式。

（4）创建了紫花苜蓿浅埋式滴灌综合管理技术模式。针对紫花苜蓿浅埋式滴管技术应用中存在的问题，研究出紫花苜蓿物候期内的需水规律、田间毛管的适宜布置方式、微灌灌溉制度等关键技术，建立了苜蓿浅埋式滴灌综合管理技术应用模式。

（5）提出农牧区饲草自压滴灌技术模式。结合牧区典型区自然环境条件，集成河水滴灌首部过滤网沉砂池技术、新型涡流式叠片过滤器技术和苜蓿浅埋式滴灌技术，提出农牧区饲草自压滴灌技术模式。

8.3 实施效果

8.3.1 推广应用

1. 青河阿苇灌区示范区

新疆维吾尔自治区科研攻关项目"新疆牧草节水增效灌溉技术研究与示范"项目（201431107）研究成果 2015 年在青河县阿苇灌区示范推广 2000 亩，平均干草单产 557kg/亩，亩增产 157kg，新增总产量 314t，亩增产值 188.4 元，新增总产值 37.7 万元，实现总产量 1114t；2016 年，示范推广 2000 亩，平均单产 571kg/亩，亩增产 171kg，新增总产量 342t，亩增产值 205.2 元，新增总产值 41.0 万元，实现总产量 1142t。

项目成果两年在青河县阿苇灌区累计示范应用面积 4000 亩，平均单产 564kg/亩，比全县平均产量增幅 41%，亩增产 164kg，新增总产量 656t，亩增产值 197 元，新增总产值 78.72 万元，实现总产量 2256t。

2. 巴里坤县西黑沟灌区示范区

通过水利部技术示范项目"新疆牧区饲草高效节水技术集成与示范"项目（SF－

201733）研究成果 2017 年在巴里坤花园乡三墩梁开发区示范推广 3000 亩，平均干草单产 482kg/亩，亩增产 182kg，新增总产量 546t，亩增产值 218.4 元，新增总产值 65.52 万元，实现总产量 1446t。

8.3.2　效益分析

1. 经济效益分析

（1）节水效益。课题实施后，建成 5000 亩示范区，亩均节约水量为 150m³，年节水 75 万 m³，按目前水价 0.25 元计，节水直接经济效益 18.75 万元。

（2）增产效益。课题成果应用后，青河县 2000 亩苜蓿浅埋式滴灌示范区亩增产 164kg，亩增产 197 元，新增产值 78.72 万元；巴里坤浅埋式滴灌示范区亩均增产 182kg，亩均增加效益 218 元，新增产值 65.52 万元，合计新增产值 144.24 万元。

2. 社会环境效益分析

新疆独特的地理环境以及气候因素，农牧业生产对水的依赖性极强，农牧业的发展在很大程度上依赖于灌溉的发展，有水才能保证牧草产量。草原灌溉及抗旱技术的研究不仅利于草原生产力的发展，同时对草原生态环境改善及可持续发展意义重大。草原牧区是少数民族的集中聚居地和边远地区，牧民收入低，与农民相比有较大差距，是现代化国家发展目标的重点和难点。通过本项目的实施，可以提高草地的单位产出，改善牧民生产生活水平，并有益于推广农牧业先进技术并加快牧区经济发展，对于促进社会进步，提高牧民素质，维护边疆稳定，建设和谐社会具有重要意义。

8.4　应用前景分析

本研究通过对紫花苜蓿地下滴灌开展研究试验，借助试验结果对紫花苜蓿地下滴灌示范推广进行技术支撑。课题的实施注重理论与实践、集成与创新的结合。课题开展过程中吸取多方面的成功经验，积极探索，取得了多项突破，课题成果丰硕。课题在研究对象选择上具有高度的代表性与针对性，紫花苜蓿是牧区饲草的主栽品种，种植面积大，分布范围广。本研究的苜蓿生长的主要特征指标及与水分管理的相互间关系，将为新疆牧区牧草研究与生产管理提供重要的技术依据；在研究的思路上突破单一的节水模式，从紫花苜蓿生理指标与大气界面、土壤与大气界面、根系与土壤界面水分综合调控出发，提出综合节水技术模式，具有广泛的应用前景；从学科发展的角度讲，本研究的科研成果将极大推动牧区高效用水技术的研究和应用，促进牧区灌溉节水农业可持续发展理论的深化。

综上所述，本课题从研究方法、思路及产出的成果等方面，不仅为牧区饲草料基地高效节水技术的应用提供重要的技术支撑；同时，也为牧区微灌节水技术的应用提供重要的参考。此外开发的牧区应急抗旱技术和提出的农牧区饲草自压滴灌技术模式，将为整个牧区经济社会的发展提供强劲的动力，故本研究的成果具有广阔的应用前景。

8.5 主要问题和建议

（1）加强地下滴灌技术研究和产品开发。因为浅埋式滴灌的毛管埋设在地表下 5～10cm，人们无法直接观测到灌水器出流情况和灌水效果，只有等到作物局部出现了旱象或地面出现"泉眼"时才能发现，所以浅埋式滴灌对灌溉产品质量要求更高。新疆牧区大多采用地表水滴灌，与地下水相比，地表水泥沙、微生物含量都比较高，滴头容易发生堵塞，而且浅埋式滴灌带一次铺设后使用寿命要求达到 3～5 年，滴灌带长期浅埋，灌溉水中杂质引起的灌水器堵塞以及在停止灌溉的短时间内滴头出现负压堵塞等问题，需要深入研究，从而根据浅埋和滴灌的双重属性，开发相应的灌溉产品。

（2）继续深入研究苜蓿浅埋式滴灌灌溉制度和水肥一体化管理技术，完善苜蓿田间管理方案。目前，虽然苜蓿浅埋式滴灌推广过程取得了很好的生态效益和社会效益，但作物的蒸发蒸腾量受土壤条件、灌溉方式、作物品种及气象因素的影响，且在作物生育期内随作物发育状况有很大的变化。浅埋式滴灌作为一种新的灌溉方式，有别于我国传统的苜蓿种植灌溉方式，故需要深入研究苜蓿浅埋式滴灌合理的灌溉制度和水肥生产函数，真正实现苜蓿浅埋式滴灌条件下的节水、节肥、增产的目的。并且有必要深入研究苜蓿不同生育阶段水肥消耗特征，分析水肥消耗与牧草产量及干物质累积量的关系，确定其各生育阶段需水、需肥阈值，建立牧草水肥生产函数，制定牧草节水增效的灌溉制度及水肥一体化管理技术应用模式，为苜蓿高效生产的田间管理提供有力的科技支撑。

（3）亟须开发与苜蓿浅埋式滴灌配套的上下游设备。首先，浅埋式滴灌不同于地表滴灌，滴灌带使用年限较长，为了提高灌水均匀度，延长灌水器使用寿命，必须增加过滤系统的过滤精度和增加相应的设备，减少管路泥沙进入量。其次毛管埋深不均匀，不仅造成饲草长势不均匀，而且部分毛管没有浅埋或埋深较浅，机耕、收割、人畜踩踏等容易破坏毛管，降低毛管使用寿命。甚至打草机收草时卷起部分滴灌带，造成整条滴灌带被卷起拉断。因此，有必要改进毛管的铺设工艺，研发理想的毛管铺设机具。再次浅埋式滴灌将滴灌带埋于地下，可有效利用三年，三年过后面临滴灌带的回收问题。目前主要为人工拾取废旧滴灌带，效率较低而且成本较高，市场上暂无适合于多年生苜蓿的废旧滴灌带回收机具。与苜蓿浅埋式滴灌相关的上下游设备直接制约了该项技术的大面积推广应用，因此苜蓿浅埋式滴灌配套设备的开发亟须解决。

（4）注意植物根系堵塞和鼠害问题。由于植物根系的向水性，苜蓿浅埋式滴灌，一是容易发生植物根系的入侵，可能会出现苜蓿侧根穿透毛管壁进入滴灌带并沿滴灌带水平生长情况，植物的根系造成滴头堵塞，灌水不均的问题；二是鼠害问题，由于是薄壁管，在一些田鼠较多的条田，滴灌带被老鼠咬破的现象时有发生，这都影响浅埋式滴灌系统的正常工作。故苜蓿浅埋式滴灌带铺设易居于苜蓿株距中间位置，并且在加工滴灌带时选择防鼠材料。

（5）加大扶持力度，促进牧区水利的发展。牧区是我国重要的生态屏障，少数民族的主要聚居区，并且大多位于边疆地区。推广农牧业先进技术和加快牧区经济发展，可以从政策上加大对浅埋式滴灌科研、示范推广、相关产品开发等的扶持力度，指导牧区水利发展和草原生态保护。对于促进社会进步，提高牧民素质，加强民族团结，维护边疆稳定，建设和谐社会具有重要意义。

总之，苜蓿浅埋式滴灌具有节水、节肥、增产等诸多优点，也存在污染土壤、滴头易堵塞、不便于维修等缺陷。但一项新技术从创新、发展到成熟需要持之以恒地深入研究。目前新疆苜蓿浅埋式滴灌技术已经完成试验研究和示范推广阶段，取得了一定的成功经验，苜蓿浅埋式滴灌技术特别适用于新疆牧区牧民定居点的人工饲草地建设，可以作为新疆牧区巩固脱贫成果，全面推进乡村振兴的有效技术手段。